# SS OFFICERS LIST

## (AS OF 30 JANUARY 1942)
## SS-STANDARTENFÜHRER TO
## SS-OBERSTGRUPPENFÜHRER

### ASSIGNMENTS AND DECORATIONS OF THE SENIOR SS OFFICER CORPS

**Schiffer Military History**
Atglen, PA

Book Design by Robert Biondi.

Copyright © 2000 by Schiffer Publishing Ltd.
Library of Congress Catalog Number: 99-66929.

All rights reserved. No part of this work may be reproduced or used in any forms or by any means – graphic, electronic or mechanical, including photocopying or information storage and retrieval systems – without written permission from the copyright holder.
"Schiffer," "Schiffer Publishing Ltd. & Design," and the "Design of pen and ink well" are registered trademarks of Schiffer Publishing, Ltd.

Printed in China.
ISBN: 0-7643-1061-5

We are interested in hearing from authors with book ideas on military topics.

| Published by Schiffer Publishing Ltd.<br>4880 Lower Valley Road<br>Atglen, PA 19310 USA<br>Phone: (610) 593-1777<br>FAX: (610) 593-2002<br>E-mail: Schifferbk@aol.com.<br>Visit our web site at: www.schifferbooks.com<br>Please write for a free catalog.<br>This book may be purchased from the publisher.<br>Please include $3.95 postage.<br>Try your bookstore first. | In Europe, Schiffer books are distributed by:<br>Bushwood Books<br>6 Marksbury Ave.<br>Kew Gardens<br>Surrey TW9 4JF<br>England<br>Phone: 44 (0)208 392-8585<br>FAX: 44 (0)208 392-9876<br>E-mail: Bushwd@aol.com.<br>Free postage in the UK. Europe: air mail at cost.<br>Try your bookstore first. |

# KEY TO PAGE FIVE

Compiled by the personnel department of the SS, this lists provides details of all senior SS officers in early 1942, from Colonel to General. Symbols indicate awards and other posts. These lists were compiled from 1934 to 1944. As the SS expanded, wartime lists covered an area of ranks while peacetime lists included all officers. The promotion date listed is the effective date of an individual's most recent SS promotion.

**Contents**

SS-Obergruppenführer 7
SS-Gruppenführer 9
SS-Brigadeführer 12
SS-Oberführer 18
SS-Standartenführer 28
Index 43

**Abbreviations**

**R.Mi.** = Reich Minister, most senior government official
**R.St.** = Reich Governor of a Land of which there were 15 in Republican Germany. Normally the Gauleiter as well
**R.L.** = Senior ranking official of the NSDAP (17 held the rank)
**G.L.** = Senior NSDAP official controlling a Gau, largest and main Party territorial unit
**St.Mi.** = State Minister
**St.Sek.** = State Secretary, the permenant administrative head of a Ministry, equal to an Under-Secretary of State
**St.Rat.** = State Councilor

**O.Pr.** = Senior President
**Reg.Pr.** = senior official for a sub-division of a Prussian province
**L.Rat.** = Land councilor
**Po.Pr.** = Police President, head of the municipal police headquarters for a large city
**L.Hptm.** = Land administrator
**P.D.** = Police Director, headed the minicipal police HQ for a medium size town
**M.d.R.** = Member of the Reichstag (parliament)

**Decorations and Awards**
1. Gold Party Badge
2. Coburg Badge (1922)
3. Order of November 9, 1923 (Blood Order) 1st class of WWI
4. Pour le merite (Blue Max, officers only)
5. Prussian Gold Military Cross (equal to 2nd class of WWI Blue Max, for enlisted men and NCOs)
6. Iron Cross 1st class (WWI) with Swords
7. Iron Cross 2nd class (WWI)
8. Iron Cross 2nd class (non-combatants) with Swords
9. Cross of Honor 1914/1918
10. Land awarded decorations in the field without Swords
11. Wound Badge in Black
12. Wound Badge in Silver without Swords
13. Wound Badge in Gold
14. Knight's Cross with Oakleaves
15. Knight's Cross
16. Iron Cross 1st class (WWII)
17. Iron Cross 2nd class (WWII)
18. WWII clasp to Iron Cross
19. WWII clasp to Iron Cross
20. War Merit Cross 1st class
21. War Merit Cross 2nd class
22. War Merit Cross 1st class
23. War Merit Cross 2nd class
24. Foreign field awarded decoration
25. Wound Badge in Black
26. Wound Badge in Silver
27. Wound Badge in Gold
28. SS Sword and SS Ring
29. SS Sword
30. SS Ring

Nur für den Dienstgebrauch!

# Dienstalterliste
## der
# Schutzstaffel
## der NSDAP.

(SS-Obergruppenführer — SS-Standartenführer)

Stand vom 30. Januar 1942

Herausgegeben vom SS-Personalhauptamt

Berlin 1942
Gedruckt in der Reichsdruckerei

# Inhalt:

| | Seite | | Seite |
|---|---|---|---|
| SS-Obergruppenführer | 7 | SS-Oberführer | 18 |
| SS-Gruppenführer | 9 | SS-Standartenführer | 28 |
| SS-Brigadeführer | 12 | Alphabetisches Verzeichnis | 43 |

# Abkürzungen:

| | | | | |
|---|---|---|---|---|
| R. Mi. | = Reichsminister | | O. Pr. | = Oberpräsident |
| R. St. | = Reichsstatthalter | | Reg. Pr. | = Regierungspräsident |
| R. L. | = Reichsleiter | | L. Rat | = Landrat |
| G. L. | = Gauleiter | | Po. Pr. | = Polizeipräsident |
| St. Mi. | = Staatsminister | | L. Hptm. | = Landeshauptmann |
| St. Sek. | = Staatssekretär | | Po. D. | = Polizeidirektor |
| St. Rat | = Staatsrat | | M. d. R. | = Mitglied des Großdeutschen Reichstags. |

- = Goldenes Ehrenzeichen der NSDAP.
- = Coburger Ehrenzeichen 1922
- = Ehrenzeichen vom 9. November 1923
- = Pour le mérite
- = Goldenes preußisches Militärverdienstkreuz
- I = Eisernes Kreuz I. Klasse
- II = Eisernes Kreuz II. Klasse
- IIw = Eisernes Kreuz am weißen Bande
- = Ehrenkreuz für Frontkämpfer ⎫ 1914/18
- = Im Felde erworbene Landesorden ⎭
- = Verwundetenabzeichen in Schwarz
- = Verwundetenabzeichen in Silber
- = Verwundetenabzeichen in Gold
- = Eichenlaub zum Ritterkreuz des Eisernen Kreuzes
- = Ritterkreuz zum Eisernen Kreuz
- I = Eisernes Kreuz I. Klasse
- II = Eisernes Kreuz II. Klasse
- = Spange zum E. K. I
- = Spange zum E. K. II
- I = Kriegsverdienstkreuz I. Klasse mit Schwertern
- II = Kriegsverdienstkreuz II. Klasse mit Schwertern
- I = Kriegsverdienstkreuz I. Klasse ohne Schwerter
- II = Kriegsverdienstkreuz II. Klasse ohne Schwerter
- = Sonstige im Felde erworbene Auszeichnungen
- = Verwundetenabzeichen in Schwarz
- = Verwundetenabzeichen in Silber
- = Verwundetenabzeichen in Gold
- = Ehrendegen und Totenkopfring
- = Ehrendegen des Reichsführers-SS
- = Totenkopfring der SS

1939/42

# Bemerkung:

**Orden und Reserveoffiziersdienstgrade der Wehrmacht sind nur, soweit bisher gemeldet, aufgenommen.**

**Der oberste Führer der Schutzstaffel:**

# Der Führer
# Adolf Hitler

| Lfde. Nr. | Name, Vorname | Degen/Ring | Dienststellung | Partei-Nr. | ᛋᛋ-Nr. | Geburts-datum | Führer- bzw. Offz.-Dienstgrad bei der Waffen-ᛋᛋ, Wehrmacht, Polizei | Ober-gruppen-führer |
|---|---|---|---|---|---|---|---|---|
| 1 | Himmler Heinrich, ⊛⊛ R. L., St. Rat, M. d. R. | ⊛ | Reichsführer-ᛋᛋ u. Chef der Deutschen Polizei | 14 303 | 168 | 7. 10. 00 | Reichsführer-ᛋᛋ | RF ᛋᛋ 6. 1. 29 |

## ᛋᛋ-Obergruppenführer:

| Lfde. Nr. | Name, Vorname | Degen/Ring | Dienststellung | Partei-Nr. | ᛋᛋ-Nr. | Geburts-datum | Führer- bzw. Offz.-Dienstgrad | Ober-gruppen-führer |
|---|---|---|---|---|---|---|---|---|
| 2 | Schwarz Franz Xaver, ⊛⊛⊛ R. L., M. d. R. | ⊛ | Stab RF ᛋᛋ | 6 | 38 500 | 27. 11. 75 | Ltn. d. R. a. D. | 1. 7. 33 |
| 3 | Dietrich Josef, ⊛⊛⊛I⊛⊛ ⊛⊛I, St. Rat, M. d. R. | ⊛ | Kdr. Div. Leib-standarte-ᛋᛋ | 89 015 | 1,177 | 28. 5. 92 | Gen. W. ᛋᛋ | 1. 7. 34 |
| 4 | Daluege Kurt, ⊛⊛II⊛⊛⊛I St. Rat, M. d. R. | ⊛ | Chef Hauptamt Ordnungspolizei | 31 981 | 1 119 | 15. 9. 97 | Gen. d. P. | 9. 9. 34 |
| 5 | Darré R. Walther, ⊛⊛II⊛⊛I R. Mi., R. L., M. d. R. | ⊛ | Stab RF ᛋᛋ | 248 256 | 6 882 | 14. 7. 95 | Ltn. d. R. a. D. | 9. 11. 34 |
| 6 | Buch Walter, ⊛⊛⊛⊛I⊛ R. L., M. d. R. | ⊛ | Stab RF ᛋᛋ | 7 733 | 81 353 | 24. 10. 83 | Major a. D. | 9. 11. 34 |
| 7 | von Woyrsch Udo, ⊛I⊛ St. Rat, M. d. R. | ⊛ | F. Oa. Elbe u. Höh. ᛋᛋ-Pol. F. | 162 349 | 3 689 | 24. 7. 95 | Gen. d. P. | 1. 1. 35 |
| 8 | Krüger Friedrich-Wilhelm, ⊛⊛I ⊛⊛⊛, St. Rat, M. d. R. | ⊛ | Höh. ᛋᛋ-Pol. F. Ost | 171 199 | 6 123 | 8. 5. 94 | Gen. d. P. | 25. 1. 35 |
| 9 | Erbprinz zu Waldeck und Pyrmont Josias, ⊛⊛I⊛⊛⊛⊛ M. d. R. | ⊛ | F. Oa. Fulda-Werra u. Höh. ᛋᛋ-Pol. F. | 160 025 | 2 139 | 13. 5. 96 | Gen. d. P. | 30. 1. 36 |
| 10 | Amann Max, ⊛⊛⊛⊛II⊛⊛ R. L., M. d. R. | ⊛ | Stab RF ᛋᛋ | 3 | 53 143 | 24. 11. 91 | — | 30. 1. 36 |
| 11 | Frhr. von Eberstein Karl, ⊛⊛I⊛ M. d. R. | ⊛ | F. Oa. Süd u. Höh. ᛋᛋ-Pol. F. | 15 067 | 1 386 | 14. 1. 94 | Gen. d. P. | 30. 1. 36 |
| 12 | Bouhler Philipp, ⊛⊛ ⊛II⊛⊛⊛ R. L., M. d. R. | ⊛ | Stab RF ᛋᛋ | 12 | 54 932 | 11. 9. 99 | Ltn. d. R. a. D. | 30. 1. 36 |
| 13 | Jeckeln Friedrich, ⊛⊛⊛II⊛⊛ ⊛⊛II St. Rat, M. d. R. | ⊛ | F. Oa. Ostland u. Höh. ᛋᛋ-Pol. F. | 163 348 | 4 367 | 2. 2. 95 | Gen. d. P. | 13. 9. 36 |
| 14 | Lorenz Werner, ⊛⊛I⊛⊛I St. Rat, M. d. R. | ⊛ | Chef Hauptamt Volksdeutsche Mittelstelle | 317 994 | 6 636 | 2. 10. 91 | Obltn. a. D. | 9. 11. 36 |
| 15 | Heißmeyer August, ⊛⊛I⊛⊛⊛ M. d. R. | ⊛ | Chef Hauptamt Dienststelle Heiß-meyer u. Höh. ᛋᛋ-Pol. F. Spree | 21 573 | 4 370 | 11. 1. 97 | Ltn. d. R. a. D. | 9. 11. 36 |
| 16 | Schmauser Heinrich, ⊛⊛I⊛⊛⊛ M. d. R. | ⊛ | F. Oa. Südost u. Höh. ᛋᛋ-Pol. F. | 215 704 | 3 359 | 18. 1. 90 | Gen. d. P. | 20. 4. 37 |
| 17 | von Ribbentrop Joachim, ⊛⊛I⊛⊛⊛ R. Mi., M. d. R. | ⊛ | Stab RF ᛋᛋ | 1 199 927 | 63 083 | 30. 4. 93 | Obltn. a. D. | 20. 4. 40 |
| 18 | Bormann Martin, ⊛⊛ R. L., M. d. R. | ⊛ | Stab RF ᛋᛋ | 60 508 | 555 | 17. 6. 00 | — | 20. 4. 40 |
| 19 | Dr. Lammers Hans, ⊛⊛I⊛⊛ R. Mi. | ⊛ | Stab RF ᛋᛋ | 1 010 355 | 118 404 | 27. 5. 79 | Hptm. d. R. a. D. | 20. 4. 40 |
| 20 | Dr. Dietrich Otto, ⊛⊛I R. L., St. Sek., M. d. R. | ⊛ | Stab RF ᛋᛋ | 126 727 | 101 349 | 31. 8. 97 | Ltn. d. R. a. D. | 20. 4. 41 |
| 21 | Dr. Seyß-Inquart Arthur, ⊛⊛⊛ R. Mi., M. d. R. | ⊛ | Stab RF ᛋᛋ | 6 270 392 | 292 771 | 22. 7. 92 | Obltn. d. R. a. D. | 20. 4. 41 |
| 22 | Heydrich Reinhardt, ⊛⊛I St. Rat, M. d. R. | ⊛ | Chef Sicherheits-polizei u. SD | 544 916 | 10 120 | 7. 3. 04 | Gen. d. P. | 24. 9. 41 |

| Lfde. Nr. | Name, Vorname | Degen/Ring | Dienststellung | Partei-Nr. | SS-Nr. | Geburts-datum | Führer- bzw. Offz.-Dienstgrad bei der Waffen-SS, Wehrmacht, Polizei | Ober-gruppen-führer |
|---|---|---|---|---|---|---|---|---|
| 23 | Hausser Paul, ✠I ⊕ ✠ Y | ⓛ | Kdr. SS-Div. Reich | 4 158 779 | 239 795 | 7.10.80 | Gen. W. SS | 1.10.41 |
| 24 | Prützmann Hans, ⊛ St. Rat, M. d. R. | ⓛ | F. Oa. Nordost u. Ukraine u. Höh. SS-Pol. F. | 142 290 | 3 002 | 31. 8.01 | Gen. d. P. | 9.11.41 |
| 25 | von dem Bach Erich, ⊛ ✠I ⊕ ⊛ M. d. R. | ⓛ | Höh. SS-Pol. F. Rußland-Mitte | 489 101 | 9 831 | 1. 3.99 | Gen. d. P. | 9.11.41 |
| 26 | Rediess Wilhelm, ⊛ M. d. R. | ⓛ | F. Oa. Nord u. Höh. SS-Pol. F. | 25 574 | 2 839 | 10.10.00 | Gen. d. P. | 9.11.41 |
| 27 | Reinhard Wilhelm, ⊛ ✠ ✠I ⊕ ⊛ M. d. R. | ⓛ | Stab RF SS | 63 074 | 274 107 | 18. 3.69 | char. Gen. d. I. | 9.11.41 |
| 28 | Forster Albert, ⊛ ✠I R. St., G. L., M. d. R. | ⓛ | Stab RF SS | 1 924 | 158 | 26. 7.02 | — | 31.12.41 |
| 29 | Kaufmann Karl, ⊛ R. St., G. L., M. d. R. | ⓛ | Stab RF SS | 95 | 119 495 | 10.10.00 | — | 30. 1.42 |
| 30 | Hildebrandt Friedrich, ⊛ ✠I ⊛ ⊛ ⊛ R. St., G. L., M. d. R. | ⓛ | Stab RF SS | 3 653 | 128 802 | 19. 9.98 | — | 30. 1.42 |
| 31 | Fiehler Karl, ⊛ ⊛ ✠II ⊕ ⊛ ⊛ R. L., M. d. R. | ⓛ | Stab RF SS | 37 | 91 724 | 31. 8.95 | Ltn. d. R. a. D. | 30. 1.42 |
| 32 | Klagges Dietrich, ⊛ ⊛ ⊛ Mi. Pr. Braunschweig, M. d. R. | ⓛ | Stab RF SS | 7 646 | 154 006 | 1. 2.91 | — | 30. 1.42 |
| 33 | Körner Paul, ⊛ ✠I ⊛ ⊛ St. Sek., M. d. R. | ⓛ | Stab RF SS | 714 328 | 23 076 | 2.10.93 | Major d. R. | 30. 1.42 |
| 34 | Murr Wilhelm, ⊛ ✠II ⊛ ⊛ ⊛ R. St., G. L., M. d. R. | ⓛ | Stab RF SS | 12 873 | 147 545 | 16.12.88 | — | 30. 1.42 |
| 35 | Sauckel Fritz, ⊛ ⊛ R. St., G. L., M. d. R. | ⓛ | Stab RF SS | 1 395 | 254 890 | 27.10.94 | — | 30. 1.42 |
| 36 | Hildebrandt Richard, ⊛ ✠II ⊕ ⊛ ✠II M. d. R. | ⓛ | F. Oa. Weichsel u. Höh. SS-Pol. F. | 89 221 | 7 088 | 13. 3.97 | Gen. d. P. | 30. 1.42 |
| 37 | Koppe Wilhelm, ✠I ⊕ ⊛ ✠I M. d. R. | ⓛ | F. Oa. Warthe u. Höh. SS-Pol. F. | 305 584 | 25 955 | 15. 6.96 | Gen. d. P. | 30. 1.42 |
| 38 | Berkelmann Theodor, ⊛ ✠I ⊛ ⊛ ✠II M. d. R. | ⓛ | F. Oa. Rhein u. Westmark u. Höh. SS-Pol. F. | 128 245 | 6 019 | 17. 4.94 | Gen. d. P. | 30. 1.42 |
| 39 | Keppler Wilhelm, ⊛ St. Sek., M. d. R. | ⓛ | Stab RF SS | 62 424 | 50 816 | 14.12.82 | Ltn. d. R. a. D. | 30. 1.42 |
| 40 | Wolff Karl, ⊛ ✠I ⊛ M. d. R. | ⓛ | Chef Pers. Stab RF SS | 695 131 | 14 235 | 13. 5.00 | Gen. W. SS | 30. 1.42 |
| 41 | Bürckel Josef, ⊛ ✠I R. St., G. L., M. d. R. | ⓛ | Stab RF SS | 33 979 | 289 230 | 30. 3.95 | — | 30. 1.42 |
| 42 | Greiser Arthur, ⊛ ✠I ⊛ R. St., G. L., M. d. R. | ⓛ | Stab RF SS | 166 635 | 10 795 | 22. 1.97 | Ltn. z. S. d. R. | 30. 1.42 |

| Lfde. Nr. | Name, Vorname | Degen/Ring | Dienststellung | Partei-Nr. | SS-Nr. | Geburts-datum | Führer- bzw. Offz.-Dienstgrad bei der Waffen-SS, Wehrmacht, Polizei | Gruppen-führer |
|---|---|---|---|---|---|---|---|---|

## SS-Gruppenführer:

| Lfde. Nr. | Name, Vorname | Degen/Ring | Dienststellung | Partei-Nr. | SS-Nr. | Geburts-datum | Führer- bzw. Offz.-Dienstgrad | Gruppen-führer |
|---|---|---|---|---|---|---|---|---|
| 43 | Weinreich Hans, ⊕✠I⊕⊕⊕ M.d.R. | ⊕ | Stab RF SS | **5 920** | 278 160 | 5. 9.96 | char. Gen. Ltn. d. P. | 1. 3.33 |
| 44 | Grimm Wilhelm, ⊕✠II⊕⊕ R.L.z.D., M.d.R. | ⊕ | Stab RF SS | **10 134** | 199 823 | 31.12.89 | Ltn. a. D. | 27. 1.34 |
| 45 | Eicke Theodor, ⊕✠II⊕⊕ ✠I⊕ M.d.R. | ⊕ | Kdr. SS T.-Div. | 114 901 | 2 921 | 17.10.92 | Gen. Ltn. W. SS | 11. 7.34 |
| 46 | Rodenbücher Alfred, ✠II M.d.R. | ⊕ | Stab RF SS | 413 447 | 8 229 | 29. 9.00 | Kpt. Ltn. d. R. | 9. 9.34 |
| 47 | Frhr. von Holzschuher Wilhelm, ⊕✠II⊕⊕⊕ Reg.Pr. z. D. | ⊕ | Stab RF SS | **75 001** | 214 975 | 2. 9.93 | Ltn. d. R. a. D. | 9. 9.34 |
| 48 | Wahl Karl, ⊕✠I⊕⊕ G.L., Reg. Pr., M.d.R. | ⊕ | Stab RF SS | **9 803** | 228 017 | 24. 9.92 | — | 9. 9.34 |
| 49 | Mazuw Emil, ⊕⊕✠II L. Hptm., M.d.R. | ⊕ | F. Oa. Ostsee u. Höh. SS-Pol. F. | 85 231 | 2 556 | 21. 9.00 | Gen.Ltn. d. P. | 13. 9.36 |
| 50 | Moder Paul, ⊕✠I⊕⊕⊕✠ M.d.R. | ⊕ | Stab Oa. Spree | **9 425** | 11 716 | 1.10.96 | Stubaf. d. R. | 9.11.36 |
| 51 | Scharfe Paul, ✠II | ⊕ | Chef Hauptamt SS-Gericht | 665 697 | 14 220 | 6. 9.76 | Gen. Ltn. W. SS | 30. 1.37 |
| 52 | Pohl Oswald, ⊕✠II⊕⊕✠I | ⊕ | Chef SS-W.-V. Hauptamt | **30 842** | 147 614 | 30. 6.92 | Gen. Ltn. W. SS | 30. 1.37 |
| 53 | Schmitt Walter, ✠I⊕⊕⊕ | ⊕ | Chef SS-Personal-hauptamt | 592 784 | 28 737 | 13. 1.79 | Gen. Ltn. W. SS | 30. 1.37 |
| 54 | Kaul Curt, ⊕✠I⊕⊕⊕⊕ | ⊕ | F. Oa. Südwest u. Höh. SS-Pol. F. | 244 954 | 3 392 | 5.10.90 | Gen. Ltn. d. P. | 20. 4.37 |
| 55 | Wächtler Fritz, ⊕✠II⊕⊕ G. L., St. Mi., M.d.R. | ⊕ | Stab RF SS | **35 313** | 209 058 | 7. 1.91 | Ltn. d. R. a. D. | 20. 4.37 |
| 56 | Eggeling Joachim, ⊕✠I⊕⊕⊕ ✠I G. L., St. Rat, M.d.R. | ⊕ | Stab RF SS | **11 579** | 186 515 | 30.11.84 | Hptm. a. D. | 20. 4.37 |
| 57 | Bohle Ernst Wilhelm, ⊕ G. L., St. Sek., M.d.R. | ⊕ | Stab RF SS | 999 185 | 276 915 | 28. 7.03 | — | 20. 4.37 |
| 58 | Frhr. von Neurath Constantin, ⊕✠I⊕⊕⊕ R. Mi. | ⊕ | Stab RF SS | *3 805 229* | 287 680 | 2. 2.73 | Hptm. d. R. a. D. | 18. 9.37 |
| 59 | Zech Karl, ✠I⊕⊕ M.d.R. | ⊕ | Stab RF SS | 408 563 | 4 555 | 6. 2.92 | Hptm. a. D. | 30. 1.38 |
| 60 | Hennicke Paul, ⊕✠I⊕✠II St. Rat, Po. Pr., M.d.R. | ⊕ | F. Ab. XXVII | **36 492** | 1 332 | 31. 1.83 | Ltn. d. R. a. D. | 30. 1.38 |
| 61 | Schaub Julius, ⊕⊕⊕⊕ M.d.R. | ⊕ | Stab RF SS | 81 | 7 | 20. 8.98 | — | 30. 1.38 |
| 62 | Willikens Werner, ⊕✠I⊕⊕⊕ St. Sek., St. Rat, M.d.R. | ⊕ | b. Stab RuS-Hauptamt | **3 355** | 56 180 | 8. 2.93 | Hptm. d. R. | 30. 1.38 |
| 63 | Backe Herbert, ⊕ St. Sek., St. Rat | ⊕ | b. Stab RuS-Hauptamt | **22 766** | 87 882 | 1. 5.96 | — | 30. 1.38 |
| 64 | Dr. Reischle Hermann, ⊕ ✠I⊕⊕⊕ St. Rat, M.d.R. | ⊕ | Stab RF SS | 474 435 | 101 350 | 22. 9.98 | Ltn. d. R. a. D. | 11. 9.38 |
| 65 | Pancke Günther, ✠II⊕⊕✠II | ⊕ | F. Oa. Mitte u. Höh. SS-Pol. F. | 282 737 | 10 110 | 1. 5.99 | Gen. Ltn. d. P. | 11. 9.38 |
| 66 | Taubert Siegfried, ✠I⊕⊕⊕ | ⊕ | Pers. Stab RF SS | 525 246 | 23 128 | 11.12.80 | Major a. D. | 11. 9.38 |
| 67 | Dr. Kaltenbrunner Ernst, ⊕ St. Sek., M.d.R. | ⊕ | F. Oa. Donau u. Höh. SS-Pol. F. | 300 179 | 13 039 | 4.10.03 | Gen. Ltn. d. P. | 11. 9.38 |
| 68 | Henlein Konrad, ⊕⊕ R. St., G. L., M.d.R. | ⊕ | Stab RF SS | *6 600 001* | 310 307 | 6. 5.98 | Major d. R. | 9.10.38 |
| 69 | von Massow Ewald, ✠I⊕⊕ | ⊕ | Stab RF SS | 315 743 | 39 421 | 17. 4.69 | Gen. Ltn. a. D. | 17. 4.39 |
| 70 | Sachs Ernst, ✠I⊕⊕ | ⊕ | Stab RF SS, Chef Fernmeldewesen | *4 167 008* | 278 781 | 24.12.80 | Gen. Ltn. a. D. | 1. 6.39 |

| Lfde. Nr. | Name, Vorname | Degen/Ring | Dienststellung | Partei-Nr. | ⚡⚡-Nr. | Geburts-datum | Führer- bzw. Offz.-Dienstgrad bei der Waffen-⚡⚡, Wehrmacht, Polizei | Gruppen-führer |
|---|---|---|---|---|---|---|---|---|
| 71 | Frank Karl Hermann, ⊙ ✠ I St. Sek., M. d. R. | ⊕ | Höh. ⚡⚡-Pol. F. Böhmen-Mähren | 6 600 002 | 310 466 | 24. 1. 98 | — | 9. 11. 39 |
| 72 | Sporrenberg Jakob, ⊙ M. d. R. | ⊕ | Stab RF ⚡⚡, kdrt. Reichskomm. Ukraine | 25 585 | 3 809 | 16. 9. 02 | Ltn. d. R. | 1. 1. 40 |
| 73 | Pfeffer-Wildenbruch Karl, ✠ I ⊙ ⊕ ⊕ | ⊕ | Stab RF ⚡⚡ | 1 364 387 | 292 713 | 12. 6. 88 | Gen. Ltn. d. P. | 20. 4. 40 |
| 74 | Eigruber August, ⊙ R. St., G. L., M. d. R. | ⊕ | Stab RF ⚡⚡ | 83 432 | 292 778 | 16. 4. 07 | — | 9. 11. 40 |
| 75 | Dr. Rainer Friedrich, ⊙ R. St., G. L., St. Sek., M. d. R. | ⊕ | Stab RF ⚡⚡ | 301 860 | 292 774 | 28. 7. 03 | — | 9. 11. 40 |
| 76 | Dr. Jury Hugo, ⊙ R. St., G. L., St. Rat, M. d. R. | ⊕ | Stab RF ⚡⚡ | 410 338 | 292 777 | 13. 7. 87 | — | 9. 11. 40 |
| 77 | von Bomhard Adolf, ✠ I ⊙ ⊕ ⊕ | ⊕ | Stab RF ⚡⚡ | 3 933 982 | 292 711 | 6. 1. 91 | Gen. Ltn. d. P. | 9. 11. 40 |
| 78 | von Kamptz Jürgen, ✠ I ⊙ ⊕ ⊕ | ⊕ | Stab RF ⚡⚡ | 1 258 905 | 292 714 | 11. 8. 91 | Gen. Ltn. d. P. | 9. 11. 40 |
| 79 | Querner Rudolf, ✠ II ⊙ ⊕ | ⊕ | F. Oa. Nordsee u. Höh. ⚡⚡-Pol. F. | 2 385 386 | 308 240 | 10. 6. 93 | Gen. Ltn. d. P. | 9. 11. 40 |
| 80 | Riege Paul, ✠ I ⊙ ⊕ | ⊕ | Befehlshaber O. P. Prag | 2 658 727 | 323 872 | 27. 4. 88 | Gen. Ltn. d. P. | 9. 11. 40 |
| 81 | Alpers Friedrich, ✠ I St. Sek. | ⊕ | Stab RF ⚡⚡ | 132 812 | 6 427 | 25. 3. 01 | Hptm. d. R. | 20. 4. 41 |
| 82 | Berger Gottlob, ✠ I ⊙ ⊕ ⊕ ✠ I | ⊕ | Chef ⚡⚡-Hauptamt | 426 875 | 275 991 | 16. 7. 96 | Gen. Ltn. W.⚡⚡ | 20. 4. 41 |
| 83 | Bracht Werner, ✠ I ⊙ | ⊕ | Stab RF ⚡⚡ | 2 579 550 | 310 475 | 5. 2. 88 | Ltn. d. R a. D. | 20. 4. 41 |
| 84 | Hofmann Otto, ✠ I ⊙ | ⊕ | Chef RuS-Hauptamt | 145 729 | 7 646 | 16. 3. 96 | Ltn. d. R. a. D. | 20. 4. 41 |
| 85 | Rauter Hanns, ⊙ ⊕ ⊕ M. d. R. | ⊕ | F. Oa. Nordwest u. Höh. ⚡⚡-Pol. F. | — | 262 958 | 4. 2. 95 | Gen. Ltn. d. P. | 20. 4. 41 |
| 86 | Jüttner Hans, ✠ I ⊙ ⊕ ⊕ | ⊕ | ⚡⚡-Führungshauptamt, Chef d. Stabes | 541 163 | 264 497 | 2. 3. 94 | Gen. Ltn. W.⚡⚡ | 20. 4. 41 |
| 87 | Lauterbacher Hartmann, ⊙ G. L., O. Pr., M. d. R. | O | Stab RF ⚡⚡ | 86 837 | 382 406 | 24. 5. 09 | — | 20. 4. 41 |
| 88 | Hanke Karl, ⊙ ✠ I G. L., O. Pr., M. d. R. | ⊕ | Stab RF ⚡⚡ | 102 606 | 203 013 | 24. 8. 03 | Hptm. d. R. | 20. 4. 41 |
| 89 | Greifelt Ulrich, ✠ I ⊙ ⊕ | ⊕ | Chef Stabshauptamt, R.f.d.F.d.V. | 1 667 407 | 72 909 | 8. 12. 96 | Obltn. a. D. | 1. 8. 41 |
| 90 | Turner Harald, ✠ I ⊙ ⊕ | ⊕ | Reichssicherheitshauptamt | 181 533 | 34 799 | 8. 10. 91 | Chef Mil. Verw. Belgrad | 27. 9. 41 |
| 91 | Prof. Dr. Grawitz Ernst-Robert, ✠ II ⊙ ⊕ ✠ I | ⊕ | Reichsarzt-⚡⚡ u. Polizei | 1 102 844 | 27 483 | 8. 6. 99 | Gen. Ltn. W.⚡⚡ | 1. 10. 41 |
| 92 | Dr. Conti Leonardo, ⊙ ✠ I ⊙ St. Sek., St. Rat, M. d. R. | ⊕ | Stab RF ⚡⚡ | 72 225 | 3 982 | 24. 8. 00 | — | 1. 10. 41 |
| 93 | Streckenbach Bruno, ⊙ | ⊕ | Reichssicherheitshauptamt, Chef Amt I | 489 972 | 14 713 | 7. 2. 02 | Gen. Ltn. d. P. | 9. 11. 41 |
| 94 | Rösener Erwin, ⊙ M. d. R. | ⊕ | F. Oa. Alpenland u. Höh. ⚡⚡-Pol. F. | 46 771 | 3 575 | 2. 2. 02 | Gen. Ltn. d. P. | 9. 11. 41 |
| 95 | Müller Heinrich, ✠ I ⊙ ⊕ ⚔ ✠ II | ⊕ | Reichssicherheitshauptamt, Chef Amt IV | 4 583 199 | 107 043 | 28. 4. 00 | Gen. Ltn. d. P. | 9. 11. 41 |
| 96 | Nebe Arthur, ✠ I ⊙ ⊕ | ⊕ | Reichssicherheitshauptamt, Chef Amt V | 574 307 | 280 152 | 13. 11. 94 | Gen. Ltn. d. P. | 9. 11. 41 |

| Lfde. Nr. | Name, Vorname | Degen/Ring | Dienststellung | Partei-Nr. | ⚡⚡-Nr. | Geburts-datum | Führer- bzw. Offz.-Dienstgrad bei der Waffen-⚡⚡, Wehrmacht, Polizei | Gruppenführer |
|---|---|---|---|---|---|---|---|---|
| 97 | Schreyer Georg, ✠ I ◉ ✠ | ⓛ | Stab RF ⚡⚡ | 766 705 | 327 419 | 16. 7. 84 | Gen. Ltn. d. P. | 9. 11. 41 |
| 98 | Jedicke Georg, ✠ I ◉ ✠ | ⓛ | Befehlshaber O. P. Riga | 346 948 | 323 869 | 26. 3. 87 | Gen. Ltn. d. P. | 12. 12. 41 |
| 99 | von Oelhafen Otto, ✠ I ◉ ✠ | ⓛ | Befehlshaber O. P. Rowno | 4 736 616 | 327 493 | 8. 6. 86 | Gen. Ltn. d. P. | 12. 12. 41 |
| 100 | Meyszner August, ◉ ✠ ◉ M. d. R. | ⓛ | Höh. ⚡⚡-Pol. F. Serbien | — | 263 406 | 3. 8. 86 | Gen. Ltn. d. P. | 1. 1. 42 |
| 101 | Steiner Felix, ✠ I ◉ ✠ ⊥ | | Kdr. ⚡⚡-Div. Wiking | 4 264 295 | 253 351 | 23. 5. 96 | Gen. Ltn. W. ⚡⚡ | 1. 1. 42 |
| 102 | Meinberg Wilhelm, ◉ ✠ II ◉ St. Rat, M.d.R. | ⓛ | Stab RF ⚡⚡ | 218 582 | 99 436 | 1. 3. 98 | — | 30. 1. 42 |
| 103 | Schlessmann Fritz, ◉ ◉ ✠ II M. d. R. | ⓛ | Stab RF ⚡⚡ | 25 248 | 2 480 | 11. 3. 99 | — | 30. 1. 42 |
| 104 | Johst Hanns, St. Rat | ⓛ | Stab RF ⚡⚡ | 1 352 376 | 274 576 | 8. 7. 90 | — | 30. 1. 42 |
| 105 | Dr. Stuckart Wilhelm, ◉ St. Sek. | ⓛ | Reichssicherheitshauptamt | 378 144 | 280 042 | 16. 11. 02 | — | 30. 1. 42 |
| 106 | Knoblauch Kurt, ✠ I ◉ ✠ ◉ ▦ | ⓛ | Kdo. Stab RF ⚡⚡ | 2 750 158 | 266 653 | 10. 12. 85 | Gen. Ltn. W. ⚡⚡ | 30. 1. 42 |
| 107 | von Mackensen Hans-Georg, ✠ II ◉ ✠ | ⓛ | Stab RF ⚡⚡ | 3 453 634 | 289 239 | 26. 1. 83 | Hptm. d. R. a. D. | 30. 1. 42 |
| 108 | Keppler Georg, ✠ I ◉ ✠ ◉ ✠ ⊥ | ⓛ | ⚡⚡-Führg. Hauptamt | 338 211 | 273 799 | 7. 5. 94 | Gen. Ltn. W. ⚡⚡ | 30. 1. 42 |
| 109 | Krüger Walter, ✠ I ◉ ✠ ◉ ✠ ⊥ | ⓛ | ⚡⚡-Führg. Hauptamt, Chef Amt II | — | 266 184 | 27. 2. 90 | Gen. Ltn. W. ⚡⚡ | 30. 1. 42 |

| Lfde. Nr. | Name, Vorname | Degen/Ring | Dienststellung | Partei-Nr. | ⚡⚡-Nr. | Geburts-datum | Führer- bzw. Offz.-Dienstgrad bei der Waffen-⚡⚡, Wehrmacht, Polizei | Brigade-führer |
|---|---|---|---|---|---|---|---|---|
| | | | ## ⚡⚡-Brigadeführer: | | | | | |
| 110 | Wege Kurt, ⬤✠I ⬤⬤ ⬤ M.d.R. | ⬤ | b. Stab RF ⚡⚡ | 11 118 | 674 | 15. 9.91 | Obltn. a. D. | 3. 7.33 |
| 111 | Frhr. von Malsen-Ponickau Erasmus, ✠II ⬤ ⬤ Po. Pr. | ⬤ | Reichssicherheits-hauptamt | 213 542 | 3 914 | 5. 6.95 | Rittm. d. R. | 15. 8.33 |
| 112 | Henze Max, ⬤✠II ⬤ Po. Pr., M.d.R. | ⬤ | Reichssicherheits-hauptamt | 80 481 | 1 167 | 23. 9.99 | — | 15.12.33 |
| 113 | Diehm Christoph, ⬤✠I ⬤⬤⬤ Po. Pr., M.d.R. | ⬤ | b. Stab RF ⚡⚡ | 212 531 | 28 461 | 1. 3.92 | Hptm. d. R. | 21. 3.34 |
| 114 | Starck Wilhelm, ⬤✠I ⬤⬤⬤ Po. Pr. | ⬤ | Reichssicherheits-hauptamt | 144 016 | 1 707 | 20. 5.91 | Major d. P. a. D. | 20. 4.34 |
| 115 | Grauert Ludwig, ✠I ⬤⬤ St. Sek. z. D., St. Rat | ⬤ | b. Stab RF ⚡⚡ | 3 262 849 | 118 475 | 9. 1.91 | Major d. R. | 20. 4.35 |
| 116 | Dr. Schmitt Kurt, ✠II ⬤⬤⬤ R. Mi. a. D., St. Rat | ⬤ | b. Stab RF ⚡⚡ | 2 651 252 | 101 346 | 7.10.86 | Hptm. d. R. a. D. | 15. 9.35 |
| 117 | Werner Wilhelm, ⬤✠I ⬤⬤ M.d.R. | ⬤ | Pers. Stab RF ⚡⚡ | 332 139 | 9 916 | 6. 6.88 | Oberstltn. d. R. | 15. 9.35 |
| 118 | Dreher Wilhelm, ⬤✠II ⬤⬤ ✠II Po. D., M.d.R. | ⬤ | Reichssicherheits-hauptamt | 12 905 | 11 715 | 10. 1.92 | — | 30. 1.36 |
| 119 | Dr. Fritsch Karl, ⬤⬤ St. Mi., M.d.R. | ⬤ | b. Stab Oa. Elbe | 43 073 | 127 642 | 16. 6.01 | — | 30. 1.36 |
| 120 | Pflomm Karl, ✠I ⬤⬤⬤ St. Rat, Po. Pr., M.d.R. | ⬤ | Reichssicherheits-hauptamt | 304 896 | 2 913 | 31. 7.86 | Ltn. a. D. | 20. 4.36 |
| 121 | Weber Christian, ⬤⬤⬤ ✠II ⬤⬤ M.d.R. | ⬤ | Inspekteur ⚡⚡-Reitschulen | 15 | 265 902 | 25. 8.83 | — | 26. 7.36 |
| 122 | Maack Berthold, ✠I ⬤⬤⬤⬤ | ⬤ | F. Ab. XXV | 314 088 | 15 690 | 24. 3.98 | Ostubaf. d. R. | 13. 9.36 |
| 123 | Popp Emil, ✠I ⬤⬤⬤ Reg. Pr., M.d.R. | ⬤ | b. Stab Oa. Elbe | 414 073 | 25 048 | 26. 4.97 | Ltn. d. R. a. D. | 13. 9.36 |
| 124 | Frhr. von Schade Hermann, ✠I ⬤⬤⬤ | ⬤ | b. Stab RF ⚡⚡ | 867 322 | 32 214 | 3.10.88 | Hptm. a. D. | 13. 9.36 |
| 125 | Harm Hermann, ✠I ⬤ | ⬤ | Stabsf. Oa. Ostsee | 204 385 | 21 342 | 30. 9.94 | Ltn. d. R. a. D. | 13. 9.36 |
| 126 | Freyberg Alfred, ⬤✠II ⬤ M.d.R. | ⬤ | Reichssicherheits-hauptamt | 5 880 | 113 650 | 12. 7.92 | Ltn. d. R. a. D. | 9.11.36 |
| 127 | Granzow Walter, ✠II ⬤ M.d.R. | ⬤ | b. Stab RF ⚡⚡ | 482 923 | 128 801 | 13. 8.87 | Obltn. d. R. a. D. | 9.11.36 |
| 128 | Frhr. von Kanne Bernd, ✠I ⬤⬤ M.d.R. | ⬤ | b. Stab RuS-Hauptamt | 349 849 | 245 554 | 14. 3.84 | Rittm. d. R. a. D. | 9.11.36 |
| 129 | Ortlepp Walter, ⬤ St. Sek., St. Rat, M.d.R. | ⬤ | Reichssicherheits-hauptamt | 66 836 | 11 319 | 9. 7.00 | — | 20. 4.37 |
| 130 | von Humann-Hainhofen Rolf, ✠I ⬤⬤ ⬤ M.d.R. | ⬤ | Reichssicherheits-hauptamt | 871 434 | 33 923 | 15. 6.85 | Major d. R. | 12. 9.37 |
| 131 | Bauszus Hans, ✠I ⬤⬤⬤ | ⬤ | b. Stab RF ⚡⚡ | 843 238 | 16 471 | 15. 8.71 | Oberstltn. a. D. | 12. 9.37 |
| 132 | Dr. Schultze Walter, ⬤ ✠I ⬤⬤⬤ M.d.R. | ⬤ | Reichssicherheits-hauptamt | 99 822 | 276 831 | 1. 1.94 | Obltn. d. R. a. D. | 12. 9.37 |
| 133 | Bolek Andreas, ⬤⬤⬤ Po. Pr., M.d.R. | ⬤ | Reichssicherheits-hauptamt | 50 648 | 289 210 | 3. 5.94 | — | 9.11.37 |
| 134 | von Behr Max, ✠I ⬤⬤ | ⬤ | ⚡⚡-Standortkdt. Wien | 5 849 115 | 276 063 | 10. 1.79 | Gen. Major W.⚡⚡ | 30. 1.38 |
| 135 | Saupert Hans, ⬤⬤✠II ⬤⬤⬤ M.d.R. | ⬤ | b. Stab RF ⚡⚡ | 25 045 | 119 494 | 10. 1.97 | Ltn. d. R. a. D. | 20. 4.38 |
| 136 | Braemer Walter, ✠I ⬤⬤ | ⬤ | Stab Oa. Nordsee | 4 012 329 | 223 910 | 7. 1.83 | Gen. Major z. Zt. WH | 20. 6.38 |

| Lfde. Nr. | Name, Vorname | Degen/Ring | Dienststellung | Partei-Nr. | SS-Nr. | Geburts-datum | Führer- bzw. Offz.-Dienstgrad bei der Waffen-SS, Wehrmacht, Polizei | Brigade-führer |
|---|---|---|---|---|---|---|---|---|
| 137 | Goetze Friedemann, ✠I ✠ ✠ ✠II | ⊕ | b. Stab RF SS | 5 220 132 | 261 405 | 26. 2.71 | Oberst a. D. | 2. 7.38 |
| 138 | Petri Leo, ✠I ✠ ✠ ✠II | ⊕ | SS-Führg. Hauptamt, Chef Amt III | 590 193 | 209 076 | 20.10.76 | Gen. Major W. SS | 11. 9.38 |
| 139 | Breithaupt Franz, ✠I ✠ ✠ ✠ Po. Pr. | ⊕ | b. Stab RF SS | 602 663 | 39 719 | 8.12.80 | Major a. D. | 9.11.38 |
| 140 | Dr. Gütt Arthur, ✠II ✠ ✠ St. Sek. | ⊕ | b. Stab RF SS | 1 325 946 | 85 924 | 17. 8.91 | Ass. Arzt d. R. a. D. | 9.11.38 |
| 141 | Oberhaidacher Walther, ✠ ✠ ✠ ✠ Po. Pr., M. d. R. | ⊕ | Reichssicherheits-hauptamt | 50 478 | 291 207 | 22. 9.96 | Ltn. d. R. a. D. | 9.11.38 |
| 142 | Croneiss Theo, ✠I ✠ ✠ ✠II | ⊕ | b. Stab RF SS | 1 505 089 | 310 389 | 28.12.94 | Major d. R. | 9.11.38 |
| 143 | Ahrens Georg, ✠I ✠ ✠ ✠ St. Sek., St. Rat | ⊕ | b. Stab Oa. Nordsee | 402 019 | 36 226 | 29. 4.96 | Obltn. d. R. | 30. 1.39 |
| 144 | Weiß Rudolf, ✠II ✠ ✠ ✠II M. d. R. | ⊕ | b. Stab RF SS | 237 711 | 4 299 | 31. 5.99 | Ltn. d. R. | 30. 1.39 |
| 145 | Steinbrinck Otto, ✠ ✠I ✠ ✠ | ⊕ | b. Stab RF SS | 2 638 206 | 63 084 | 19.12.88 | Korv. Kpt.d.R. | 30. 1.39 |
| 146 | Dr. Nieland Hans, ✠ St. Rat | ⊕ | b. Stab Oa. Elbe | 33 333 | 61 702 | 3.10.00 | Obltn. d. R. | 30. 1.39 |
| 147 | Börger Wilhelm, ✠ ✠II ✠ St. Rat, M. d. R. | ⊕ | b. Stab RuS-Hauptamt | 150 841 | 247 066 | 14. 2.96 | — | 30. 1.39 |
| 148 | Jürs Heinrich, ✠I ✠ ✠ ✠ St. Rat | ⊕ | SS-Hauptamt, Chef Amt II | 575 102 | 11 362 | 17. 1.97 | Gen. Major d. P. | 30. 1.39 |
| 149 | Cummerow Hermann, ✠I ✠ ✠ | ⊕ | b. Stab RF SS | 2 579 961 | 263 268 | 10. 1.78 | Oberst z. Zt. WH. | 30. 1.39 |
| 150 | Lenk Georg, ✠ St. Mi., M.d.R. | ⊕ | b. Stab Oa. Elbe | 227 841 | 227 542 | 12.12.88 | — | 30. 1.39 |
| 151 | Hilgenfeldt Erich, ✠ ✠I ✠ M. d. R. | ⊕ | b. Stab RF SS | 143 642 | 289 225 | 2. 7.97 | Hptm. d. R. | 30. 1.39 |
| 152 | Dr. Best Werner | ⊕ | Reichssicherheits-hauptamt | 341 338 | 23 377 | 10. 7.03 | Kriegsverw.Chef Paris | 20. 4.39 |
| 153 | Scherping Ulrich, ✠I ✠ ✠ | ⊕ | b. Stab RF SS | 2 628 412 | 277 286 | 12. 7.89 | Rittm. a. D. | 20. 4.39 |
| 154 | von Wulffen Gustav, ✠ ✠I ✠ ✠ | ⊕ | b. Stab RF SS | 495 764 | 72 208 | 18. 4.78 | Oberst z. Zt. WH | 20. 4.39 |
| 155 | Dr. Albert Wilhelm, ✠II ✠ ✠ Po. Pr. | ⊕ | Reichssicherheits-hauptamt | 1 122 215 | 36 026 | 8. 9.98 | Ltn. d. R. a. D. | 20. 4.39 |
| 156 | Jost Heinz, ✠ | ⊕ | Reichssicherheits-hauptamt, Chef Amt VI | 75 946 | 36 243 | 9. 7.04 | Gen. Major d. P. | 20. 4.39 |
| 157 | Schwerk Oskar, ✠ ✠I ✠ ✠ | ⊕ | b. Stab RF SS | 5 420 196 | 276 825 | 16. 7.69 | Gen. Major a.D. | 20. 4.39 |
| 158 | Dr. von Maur Heinrich, ✠ ✠I ✠ ✠ | ⊕ | b. Stab Oa. Südwest | — | 276 907 | 19. 7.63 | Gen. d. A. | 20. 4.39 |
| 159 | von Radowitz Ernst, ✠I ✠ | ⊕ | b. Stab RF SS | 894 121 | 276 980 | 4. 5.69 | Gen. Major a.D. | 20. 4.39 |
| 160 | Glatzel Alfons, ✠ ✠I ✠ ✠ | ⊕ | Reichssicherheits-hauptamt | 3 419 | 107 060 | 17. 2.89 | Obltn. a. D. | 20. 4.39 |
| 161 | Fiedler Richard, ✠ M. d. R. | ⊕ | F. Ab. XXXXIII | 33 777 | 337 769 | 24. 4.08 | Ostuf. d. R. | 1. 8.39 |
| 162 | Schäfer Johannes, ✠ ✠II | ⊕ | F. Ab. XIII | 49 889 | 1 523 | 14.12.03 | — | 1. 9.39 |
| 163 | Taus Karl, ✠ ✠ ✠ | ⊕ | z. Zt. b. SS-Pol. F. Riga | 301 453 | 6 786 | 24. 9.93 | — | 10. 9.39 |
| 164 | Schmidt Friedrich, ✠ M. d. R. | ⊕ | b. Stab RF SS | 4 864 | 276 600 | 13. 8.02 | — | 9.11.39 |
| 165 | Globocnik Odilo, ✠ ✠II St. Sek., M. d. R. | ⊕ | SS-Pol. F. Lublin | — | 292 776 | 21. 4.04 | Gen. Major d. P. | 9.11.39 |
| 166 | Dr. Wächter Otto, ✠II | ⊕ | b. Stab Oa. Donau | 301 093 | 235 368 | 8. 7.01 | — | 9.11.39 |
| 167 | Dauser Hans, ✠ ✠ St. Sek., M. d. R. | ⊕ | b. Stab RF SS | 10 158 | 261 326 | 5.10.77 | — | 1. 1.40 |

| Lfde. Nr. | Name, Vorname | Degen/Ring | Dienststellung | Partei-Nr. | SS-Nr. | Geburts-datum | Führer- bzw. Offz.-Dienstgrad bei der Waffen-SS, Wehrmacht, Polizei | Brigadeführer |
|---|---|---|---|---|---|---|---|---|
| 168 | Bauer Joseph, ⬢ ⬢ ✠ II ⬢ ⬢ M. d. R. | ⬢ | b. Stab RF SS | 34 | 264 413 | 25. 1. 81 | Ltn. d. R. a. D. | 1. 1. 40 |
| 169 | Jaegy Franz, ✠ I ⬢ ⬢ ⬢ | ⬢ | Stabsf. Oa. Süd | 348 915 | 30 307 | 20. 2. 98 | Stubaf. d. R. | 1. 1. 40 |
| 170 | Dr. Weber Friedrich, ⬢ ⬢ ✠ II ⬢ ⬢ | ⬢ | b. Stab RF SS | 1 310 670 | 145 113 | 30. 1. 92 | — | 30. 1. 40 |
| 171 | Röder Wilhelm, ⬢ ✠ I ⬢ ⬢ | ⬢ | b. Stab RF SS | 469 137 | 119 493 | 17. 3. 80 | Oberstltn. d. P. a. D. | 17. 3. 40 |
| 172 | Pflaumer Karl, ⬢ ✠ I ⬢ ⬢ ⬢ St. Mi., M. d. R. | ⬢ | b. Stab Oa. Südwest | 186 057 | 62 511 | 27. 7. 96 | Hptm. d. R. | 20. 4. 40 |
| 173 | Fritsch Lothar, ✠ I ⬢ ⬢ ⬢ | ⬢ | b. Stab Oa. Nordsee | *4 060 819* | 279 973 | 19. 6. 71 | Gen. d. I. | 20. 4. 40 |
| 174 | Fett Albert, ✠ I ⬢ ⬢ | ⬢ | b. Stab Oa. Fulda-Werra | *4 707 139* | 279 977 | 1. 11. 72 | Gen. Ltn. a. D. | 20. 4. 40 |
| 175 | Frank August, ✠ II ⬢ ⬢ ✠ I | ⬢ | SS-W.-V.Hauptamt, Chef Amtsgruppe A | 1 471 185 | 56 169 | 5. 4. 98 | Gen. Major W.SS | 20. 4. 40 |
| 176 | Haltermann Hans, ⬢ ✠ II ⬢ | ⬢ | SS-Pol. F. Kiew | **44 393** | 276 294 | 20. 4. 98 | Gen. Major d. P. | 20. 4. 40 |
| 177 | Becker Herbert, ✠ I ⬢ ⬢ | ⬢ | Befehlshaber O. P. Hamburg | *3 144 750* | 310 477 | 13. 3. 87 | Gen. Major d. P. | 20. 4. 40 |
| 179 | Klinger Otto, ✠ I ⬢ ⬢ | ⬢ | Kdr.Sch.P. Berlin | *5 550 129* | 337 820 | 25. 4. 86 | Gen. Major d. P. | 20. 4. 40 |
| 180 | Dr. Retzlaff Carl, ✠ I ⬢ ⬢ | ⬢ | Insp. O. P. Wien | *4 349 909* | 337 770 | 7. 5. 90 | Gen. Major d. P. | 20. 4. 40 |
| 181 | Wegener Paul, ⬢ St. Rat, M. d. R. | ⬢ | z. Zt. Gebietskomm. Trondheim | 286 225 | 353 161 | 1. 10. 08 | — | 20. 4. 40 |
| 182 | Schaller Richard, ⬢ M. d. R. | ⬢ | b. Stab RF SS | **13 298** | 357 251 | 12. 7. 03 | — | 20. 4. 40 |
| 183 | Gutenberger Karl, ⬢ ✠ II Po. Pr., M. d. R. | ⬢ | F. Oa. West u. Höh. SS-Pol. F. | **25 249** | 372 303 | 18. 4. 05 | — | 1. 6. 40 |
| 184 | Wysocki Lucian, ⬢ ✠ II M. d. R. | ⬢ | SS-Pol. F. Kaun | 132 988 | 365 199 | 18. 1. 99 | Gen. Major d. P. | 21. 6. 40 |
| 185 | Graf von Pückler-Burghaus Carl, ✠ I ⬢ ⬢ ⚔ M. d. R. | ⬢ | stellv. Höh. SS-Pol. F. Rußland-Mitte | 788 697 | 365 136 | 7. 10. 86 | Gen. Major d. P. | 1. 7. 40 |
| 186 | von Alvensleben Ludold, ⬢ M. d. R. | ⬢ | SS-Pol. F. Sinferopol | 149 345 | 177 002 | 17. 3. 01 | Gen. Major d. P. | 1. 8. 40 |
| 187 | Hauser Friedrich, ⬢ ⬢ ⬢ | ⬢ | F. Ab. XI | 401 141 | 4 488 | 28. 12. 98 | — | 1. 8. 40 |
| 188 | Zimmermann Paul, ✠ I ⬢ ✠ II | ⬢ | b. Stab RF SS | 940 783 | 276 856 | 2. 7. 95 | Hptm. d. R. | 1. 8. 40 |
| 189 | Ritter von Beckh Albert, ✠ I ⬢ ⬢ | ⬢ | b. Stab Ab. I | *5 354 436* | 279 975 | 15. 2. 70 | Gen. Major a. D. | 12. 8. 40 |
| 190 | Huth Wilhelm, ⬢ ✠ II ⬢ Reg. Pr. | ⬢ | Stab Oa. Weichsel | 370 225 | 56 275 | 21. 12. 96 | — | 1. 9. 40 |
| 191 | Ruberg Bernhard, ⬢ ✠ I ⬢ ⬢ ⬢ M. d. R. | ⬢ | b. Stab RF SS | 879 405 | 36 231 | 12. 8. 97 | Hptm. d. R. | 26. 10. 40 |
| 192 | Hinkel Hans, ⬢ ⬢ St. Rat, M. d. R. | ⬢ | b. Stab RF SS | **4 686** | 9 148 | 22. 6. 01 | — | 9. 11. 40 |
| 193 | Dr. Weber Otto, ✠ I ⬢ ⬢ ⬢ Reg. Pr., St. Rat | ⬢ | b. Stab Ab. XXVII | 554 987 | 279 514 | 26. 6. 94 | Ltn. d. R. a. D. | 9. 11. 40 |
| 194 | Tittmann Fritz, ⬢ ⬢ ✠ I ⬢ M. d. R. | ⬢ | SS-Pol. F. Nikolajew | **12 225** | 3 925 | 18. 7. 98 | — | 9. 11. 40 |
| 195 | Krebs Hans, ⬢ ⬢ ⬢ G. L., Reg. Pr., M. d. R. | ⬢ | b. Stab RF SS | **86** | 292 802 | 26. 4. 88 | Obltn. d. R. a. D. | 9. 11. 40 |
| 196 | Kutschera Franz, ⬢ M. d. R. | ⬢ | Stabshauptamt R. F. d. d. V., kdrt. z. Höh. SS-Pol. F. Rußland-Mitte | 363 031 | 19 659 | 22. 2. 04 | — | 9. 11. 40 |

| Lfde. Nr. | Name, Vorname | Degen/Ring | Dienststellung | Partei-Nr. | ᛋᛋ-Nr. | Geburts-datum | Führer- bzw. Offz.-Dienstgrad bei der Waffen-ᛋᛋ, Wehrmacht, Polizei | Brigade-führer |
|---|---|---|---|---|---|---|---|---|
| 197 | von Treuenfeld Karl, ✠ I ⊛ ⊕ ⊛ ▓ | ⚔ | Befehlshaber W.ᛋᛋ Protektorat | — | 323 792 | 31. 3. 86 | Gen. Major W.ᛋᛋ | 9. 11. 40 |
| 198 | Gutterer Leopold, ⊛ St. Sek. | ⊕ | b. Stab RF ᛋᛋ | 6 275 | 1 028 | 25. 4. 02 | — | 9. 11. 40 |
| 199 | Reeder Eggert, ✠ I ⊛ ⊕ ⊛ Reg. Pr. | ⚔ | Reichssicherheits-hauptamt | 1 998 009 | 340 776 | 22. 7. 94 | Ltn. d. R. a. D. | 9. 11. 40 |
| 200 | Demelhuber Karl, ✠ I ⊛ ⊕ ⊛ ▓ | ⊕ | Kdr. ᛋᛋ-Div. Nord | — | 252 392 | 27. 5. 96 | Gen. Major W.ᛋᛋ | 9. 11. 40 |
| 201 | Dr. Dr. Rasch Otto, ✠ II ⊛ ⊕ ▓ | ⊕ | Reichssicherheits-hauptamt, Insp. Sich. P. u. SD Königsberg, z. Zt. Osteinsatz | 620 976 | 107 100 | 7. 12. 91 | Gen. Major d. P. | 14. 12. 40 |
| 202 | Dr. Thomas Max, ✠ I ⊛ ⊕ ✠ II | ⊕ | Reichssicherheits-hauptamt | 1 848 453 | 141 341 | 4. 8. 91 | Gen. Major d. P. | 14. 12. 40 |
| 203 | Dr. Meyer Johannes, ✠ II ⊛ ⊕ | ⚔ | b. Stab RF ᛋᛋ | 2 176 339 | 391 820 | 19. 7. 90 | Gen. Major d. P. | 16. 1. 41 |
| 204 | Kammerhofer Konstantin, ⊛ ⊕ ⊛ M. d. R. | ⊕ | F. Ab. XXXI, z. Zt. in Flandern | 6 165 228 | 262 960 | 23. 1. 99 | — | 30. 1. 41 |
| 205 | Tensfeld Willy, ⊛ ✠ II | ⊕ | ᛋᛋ-Pol. F. Charkow | 753 405 | 14 724 | 27. 11. 93 | — | 30. 1. 41 |
| 206 | Scharizer Karl, ⊛ M. d. R. | ⊕ | b. Stab RuS-Hauptamt | 81 656 | 279 370 | 30. 7. 01 | — | 30. 1. 41 |
| 207 | Dr. Bach Jakob, ✠ I ⊛ ⊕ | ⊕ | b. Stab RF ᛋᛋ | 629 762 | 34 949 | 4. 2. 91 | Ltn. d. R. | 30. 1. 41 |
| 208 | Jung Rudolf, ⊛ G. L., M. d. R. | ⊕ | b. Stab RF ᛋᛋ | 85 | 276 690 | 16. 4. 82 | — | 30. 1. 41 |
| 209 | Reinthaller Anton, ⊕ St. Mi. a. D., M. d. R. | ⊕ | b. Stab RuS-Hauptamt | 83 421 | 292 775 | 14. 4. 95 | Obltn. d. R. a. D. | 30. 1. 41 |
| 210 | Ettel Erwin, ✠ I ⊛ ⊕ | ⊕ | b. Stab RF ᛋᛋ | 952 856 | 289 261 | 30. 6. 95 | Hptm. d. R. | 30. 1. 41 |
| 211 | Frhr. von Oeynhausen Adolf, ✠ IIw Reg. Pr. | ⊕ | b. Stab Ab. XVII | 623 499 | 289 217 | 27. 8. 77 | — | 30. 1. 41 |
| 212 | Dr. Lankenau Heinrich, ✠ I ⊛ ⊕ | ⚔ | Befehlshaber O. P. Münster | 2 856 288 | 310 496 | 11. 10. 91 | Gen. Major d. P. | 30. 1. 41 |
| 213 | Winkler Gerhard, ✠ I ⊛ ⊕ ⊛ | ⚔ | Befehlshaber O. P. Krakau | 1 689 491 | 323 874 | 30. 10. 88 | Gen. Major d. P. | 30. 1. 41 |
| 214 | Schumann Otto, ✠ I ⊛ ⊕ ⊛ | ⚔ | Befehlshaber O. P. Den Haag | 1 753 690 | 327 367 | 11. 9. 86 | Gen. Major d. P. | 30. 1. 41 |
| 215 | Dr. Stahlecker Walther † | ⊕ | Reichssicherheits-hauptamt | 3 219 015 | 73 041 | 10. 10. 00 | Gen. Major d. P. | 6. 2. 41 |
| 216 | Claassen Franz, ✠ I ⊛ ⊕ ⊛ | ⊕ | b. Stab Oa. Ostsee | 1 289 757 | 288 638 | 15. 11. 81 | Admiral z. Zt. WM | 1. 3. 41 |
| 217 | von Jena Leo, ✠ I ⊛ ⊕ | ⊕ | ᛋᛋ-Standortkdt. Berlin | 4 359 167 | 277 326 | 8. 7. 76 | Gen. Major W.ᛋᛋ | 30. 3. 41 |
| 218 | Lörner Georg, ✠ II ⊛ ⊛ | ⊕ | ᛋᛋ-W.-V. Haupt-amt, Chef Amtsgruppe B | 676 772 | 37 719 | 17. 2. 99 | Gen. Major W.ᛋᛋ | 1. 4. 41 |
| 219 | Schneller Max, ✠ II ⊛ ⊕ | ⊕ | stellv. F. Oa. Spree | 341 750 | 6 659 | 15. 1. 86 | Ltn. z. S. a. D. | 20. 4. 41 |
| 220 | Glücks Richard, ✠ I ⊛ | ⊕ | Inspekteur K. L. | 214 855 | 58 706 | 22. 4. 89 | Gen. Major W.ᛋᛋ | 20. 4. 41 |
| 221 | Dr. Scheel Gustav-Adolf, ⊛ ✠ II R. St., G. L., M. d. R. | ⊕ | Stab RF ᛋᛋ | 391 271 | 107 189 | 22. 11. 07 | — | 20. 4. 41 |
| 222 | Goedicke Bruno, ✠ I ⊛ ⊕ ⊛ | ⊕ | Kdr. ᛋᛋ-Art. Ers. Rgt. | 2 585 288 | 276 066 | 19. 9. 79 | Oberf. d. R. | 20. 4. 41 |
| 223 | Dr. Martin Benno, ✠ I ⊛ ⊕ ⊛ Po. Pr. | ⊕ | F. Oa. Main | 2 714 474 | 187 117 | 12. 2. 93 | Gen. Major d. P. | 20. 4. 41 |
| 224 | Parchmann Willi, ⊛ ⊕ | ⊕ | b. Stab RuS-Hauptamt | 262 778 | 254 636 | 18. 6. 90 | — | 20. 4. 41 |

| Lfde. Nr. | Name, Vorname | Degen/Ring | Dienststellung | Partei-Nr. | ᛋᛋ-Nr. | Geburts-datum | Führer- bzw. Offz.-Dienstgrad bei der Waffen-ᛋᛋ, Wehrmacht, Polizei | Brigade-führer |
|---|---|---|---|---|---|---|---|---|
| 225 | Dr. Bader Kurt, ✠ I ⚫ ⚫ | ⓛ | b. Stab RF ᛋᛋ | *3 079 935* | 103 169 | 26. 2. 99 | Obltn. d. R. | 20. 4. 41 |
| 226 | Körner Hellmut, ⚫ M. d. R. | ⓛ | RuS-Hauptamt | 328 871 | 227 544 | 16. 2. 04 | — | 4. 5. 41 |
| 227 | Uebelhör Friedrich, ⚫ ✠ I ⚫ Reg. Pr., M. d. R. | ⓛ | b. Stab Oa. Warthe | *11 707* | 209 059 | 25. 9. 93 | Obltn. d. R. a. D. | 6. 6. 41 |
| 228 | Zenner Carl, ⚫ ✠ II ⚫ II M. d. R. | ⓛ | ᛋᛋ-Pol. F. Minsk | *13 539* | 176 | 11. 6. 99 | Gen. Major d. P. | 21. 6. 41 |
| 229 | Katzmann Fritz, ⚫ | ⓛ | ᛋᛋ-Pol. F. Radom | 98 528 | 3 065 | 6. 5. 06 | Gen. Major d. P. | 21. 6. 41 |
| 230 | Korsemann Gerret, ⚫ ✠ I ⚫ | ⓛ | z. Zt. b. Höh. ᛋᛋ-Pol. F. Rußland-Süd | 47 735 | 314 170 | 8. 6. 95 | Gen. Major d. P. | 1. 8. 41 |
| 231 | Dr. Genzken Karl, ⚫ ✠ I ⚫ ✠ I | ⓛ | Chef ᛋᛋ-San. Amt | *39 913* | 207 954 | 8. 6. 85 | Gen. Major W.ᛋᛋ | 1. 8. 41 |
| 232 | Wappenhans Waldemar, ✠ I ⚫ ⚫ ⚫ | ⓛ | ᛋᛋ-Pol. F. Rowno | 465 090 | 22 924 | 21. 10. 93 | Gen. Major d. P. | 27. 9. 41 |
| 233 | Schröder Walther, ⚫ ✠ II M. d. R. | ⓛ | ᛋᛋ-Pol. F. Riga | *6 288* | 290 797 | 26. 11. 02 | Gen. Major d. P. | 27. 9. 41 |
| 234 | Dr. Wendler Richard, ⚫ ⚫ ✠ II | ⓛ | Reichssicherheits-hauptamt | *93 116* | 36 050 | 22. 1. 98 | Gen. Major d. P. | 27. 9. 41 |
| 235 | Dr. Behrends Hermann, ✠ II M. d. R. | ⓛ | Hauptamt Volksd. Mittelstelle | 981 960 | 35 815 | 11. 5. 07 | Ustuf. d. R. | 1. 10. 41 |
| 236 | Prof. Dr. Gebhardt Karl, ✠ I ⚫ | ⓛ | Pers. Stab RF ᛋᛋ | 1 723 317 | 265 894 | 23. 11. 97 | Gen. Major W.ᛋᛋ | 1. 10. 41 |
| 237 | Bittrich Willi, ✠ I ⚫ ⚫ ✠ ⚔ | ⓛ | ᛋᛋ-Führg. Hauptamt | 829 700 | 39 177 | 26. 2. 94 | Gen. Major W.ᛋᛋ | 19. 10. 41 |
| 238 | Ruckdeschel Ludwig, ⚫ M. d. R. | ⓛ | b. Stab RF ᛋᛋ | *29 308* | 234 190 | 15. 3. 07 | Ustuf. d. R. | 9. 11. 41 |
| 239 | Köhn Willi, ⚫ | ⓛ | b. Stab RF ᛋᛋ | 674 734 | 277 325 | 1. 7. 00 | — | 9. 11. 41 |
| 240 | Wendt Martin, ⚫ ✠ II ⚫ M. d. R. | ⓛ | RuS-Hauptamt | *91 324* | 276 580 | 18. 11. 86 | — | 9. 11. 41 |
| 241 | Dr. Müller Heinrich, ✠ II ⚫ ⚫ | ⓛ | Reichssicherheits-hauptamt | 343 344 | 290 936 | 7. 6. 96 | Ltn. d. R. a. D. | 9. 11. 41 |
| 242 | Höring Emil, ✠ I ⚫ ⚫ ⚫ | ⓛ | Befehlshaber O. P. Oslo | *4 402 533* | 337 746 | 1. 12. 90 | Gen. Major d. P. | 9. 11. 41 |
| 243 | Dr. Fischböck Hans, ⚫ ⚫ St. Sek., St. Rat, M. d. R. | ⓛ | b. Stab RF ᛋᛋ | — | 367 799 | 24. 1. 95 | Ltn. d. R. a. D. | 9. 11. 41 |
| 244 | Knofe Oskar, ✠ I ⚫ | ⓛ | Befehlshaber O. P. Posen | 1 738 044 | 314 957 | 14. 5. 88 | Gen. Major d. P. | 9. 11. 41 |
| 245 | Kleinheisterkamp Matthias, ✠ I ⚫ ⚫ ⚔ | ⓛ | z. Zt. b. m. F. ᛋᛋ-Div. Reich | — | 132 399 | 22. 6. 93 | Gen. Major W.ᛋᛋ | 9. 11. 41 |
| 246 | Phleps Artur, ✠ II ⚫ | ⓛ | ᛋᛋ-Führg. Hauptamt | — | 401 214 | 29. 11. 81 | Gen. Major W.ᛋᛋ | 29. 11. 41 |
| 247 | Scheer Paul, ✠ I ⚫ | ⓛ | Kdr. O. P. Kiew | *3 144 248* | 337 771 | 4. 4. 89 | Gen. Major d. P. | 9. 12. 41 |
| 248 | Pohlmeyer Curt, ✠ II | ⓛ | b. Stab Oa. Donau | *2 280 260* | 327 417 | 31. 3. 87 | Gen. Major d. P. | 9. 12. 41 |
| 249 | Hitzegrad Ernst, ✠ I ⚫ | ⓛ | Insp. O. P. Dresden | 1 050 605 | 309 720 | 26. 12. 89 | Gen. Major d. P. | 9. 12. 41 |
| 250 | Wünnenberg Alfred, ✠ I ⚫ ⚫ ⚫ ✠ ⚔ | | Kdr. ᛋᛋ-Pol. Div. | *2 221 600* | 405 898 | 20. 7. 91 | Gen. Major d. P. | 9. 12. 41 |
| 251 | Graf von Bassewitz-Behr Georg | ⓛ | ᛋᛋ-Pol. F. Dnjepropetrowsk | 458 315 | 35 466 | 21. 3. 00 | Gen. Major d. P. | 1. 1. 42 |
| 252 | Kehrl Hans, ✠ I ⚫ ⚫ ⚫ I Po. Pr. | ⓛ | Reichssicherheits-hauptamt | 498 187 | 278 247 | 6. 8. 92 | Ltn. d. R. a. D. | 1. 1. 42 |
| 253 | Dr. Ramsperger Hermann, ✠ I ⚫ ⚫ Po. Pr. | ⓛ | Reichssicherheits-hauptamt | 1 895 282 | 71 847 | 3. 12. 92 | Obltn. d. R. | 1. 1. 42 |
| 254 | Hartenstein Wilhelm, ✠ I ⚫ ⚫ ⚫ | ⓛ | Kdr. ᛋᛋ-Brigade I | *1 864 296* | 269 028 | 1. 10. 88 | Gen. Major W.ᛋᛋ | 1. 1. 42 |
| 255 | Harnys Hans, ✠ I ⚫ ⚫ | ⓛ | Stab Oa. Fulda-Werra | 503 299 | 11 992 | 11. 12. 94 | Obltn. d. R. | 30. 1. 42 |

| Lfde. Nr. | Name, Vorname | Degen/Ring | Dienststellung | Partei-Nr. | ⚡⚡-Nr. | Geburts-datum | Führer- bzw. Offz.-Dienstgrad bei der Waffen-⚡⚡, Wehrmacht, Polizei | Brigade-führer |
|---|---|---|---|---|---|---|---|---|
| 256 | Engel Johann, ⚫ ✠ II ⚫ ⚫ M. d. R. | ⚡ | b. Stab Oa. Spree | **72 201** | 186 488 | 15. 5. 94 | Ltn. d. R. | 30. 1. 42 |
| 257 | Hintze Kurt, ⚫ M. d. R. | ⚡ | Stabshauptamt R. f. d. F. d. V. | **98 200** | 282 066 | 8. 10. 01 | Ustuf. d. R. | 30. 1. 42 |
| 258 | Heider Otto, ✠ II ⚫ ✠ II | ⚡ | Stab RuS-Hauptamt, Chef Amt II | **18 615** | 274 979 | 26. 5. 96 | — | 30. 1. 42 |
| 259 | Leyser Ernst, ⚫ ⚫ ✠ II ⚫ ⚫ M. d. R. | ⚡ | b. Stab Oa. Westmark | **20 603** | 153 | 10. 9. 96 | — | 30. 1. 42 |
| 260 | Friedrichs Helmuth, ⚫ ✠ I ⚫ M. d. R. | ⚡ | b. Stab RF ⚡⚡ | 124 214 | 278 229 | 22. 9. 99 | Ltn. d. R. | 30. 1. 42 |
| 261 | Frhr. von Weizsäcker Ernst, ✠ I ⚫ St. Sek. | ⚡ | b. Stab RF ⚡⚡ | *4 814 617* | 293 291 | 25. 5. 82 | Korv. Kpt. a. D. | 30. 1. 42 |
| 262 | Hansen Peter, ✠ I ⚫ ⚫ | ⚡ | ⚡⚡-Führg. Hauptamt, Chef Amt VII | *2 860 864* | 129 846 | 30. 11. 96 | Gen. Major W. ⚡⚡ | 30. 1. 42 |
| 263 | Dr. Haertel Hermann, ✠ I ⚫ ⚫ ⚫ | ⚡ | Chef H'Fürs. u. Vers. Amt-⚡⚡ | 1 672 533 | 140 082 | 22. 5. 93 | Gen. Major W. ⚡⚡ | 30. 1. 42 |
| 264 | Prof. Dr. Gerloff Helmuth, ✠ I ⚫ ⚫ ⚫ | O | b. Stab RF ⚡⚡ | 1 362 697 | 126 060 | 21. 9. 94 | Gen. Major d. P. | 30. 1. 42 |
| 265 | Abetz Otto | ⚡ | b. Stab RF ⚡⚡ | *7 011 453* | 253 314 | 26. 3. 03 | — | 30. 1. 42 |
| 266 | Dr. Klopfer Gerhard | O | Reichssicherheitshauptamt | 1 706 842 | 272 227 | 18. 2. 05 | — | 30. 1. 42 |
| 267 | Brenner Karl, ✠ I ⚫ ⚫ ⚫ | ⚡ | Insp. O. P. Salzburg | 3 460 685 | 307 786 | 19. 5. 95 | Gen. Major d. P. | 30. 1. 42 |
| 268 | Herf Eberhard | | Kdr. O. P. Minsk | 1 322 780 | 411 970 | 20. 3. 87 | Gen. Major d. P. | 30. 1. 42 |

| Lfde. Nr. | Name, Vorname | Degen/Ring | Dienststellung | Partei-Nr. | SS-Nr. | Geburtsdatum | Führer- bzw. Offz.-Dienstgrad bei der Waffen-SS, Wehrmacht, Polizei | Oberführer |
|---|---|---|---|---|---|---|---|---|

## SS-Oberführer:

| Lfde. Nr. | Name, Vorname | Degen/Ring | Dienststellung | Partei-Nr. | SS-Nr. | Geburtsdatum | Führer- bzw. Offz.-Dienstgrad | Oberführer |
|---|---|---|---|---|---|---|---|---|
| 269 | Dr. Graeschke Walter, ⊛ ✠ II ⊛ ✠ I ⊛ | ⊕ | b. Stab RF SS | **45 694** | 14 470 | 15. 5. 98 | Hptm. d. R. | 23. 9. 32 |
| 270 | Döring Hans, ✠ II ⊛ | ⊕ | SS-Pol. F. Stalino | 106 490 | 1 327 | 31. 8. 01 | — | 9. 11. 33 |
| 271 | Altner Georg, ⊛ Po. Pr., M. d. R. | ⊕ | Reichssicherheitshauptamt | **34 339** | 1 421 | 4. 12. 01 | Obltn. d. R. | 9. 11. 33 |
| 272 | Aumeier Georg, ⊛ ⊛ | ⊕ | kdrt. Stab Oa. Süd | **33 027** | 1 237 | 14. 11. 95 | — | 30. 1. 34 |
| 273 | Brass Otto, ✠ II ⊛ ⊛ ⊛ M. d. R. | ⊕ | b. Stab Oa. Spree | 219 029 | 2 597 | 8. 7. 87 | Hstuf. d. R. | 18. 3. 34 |
| 274 | Roch Heinz, ⊛ ✠ II | ⊕ | b. Höh. SS-Pol. F. Rußland-Süd | **34 475** | 2 883 | 17. 1. 05 | Ostuf. d. R. | 5. 5. 34 |
| 275 | Baur Hans, ⊛ ✠ I ⊛ | ⊕ | Stab RF SS, RSD | **48 113** | 171 865 | 19. 6. 97 | — | 9. 9. 34 |
| 276 | Unger Konrad, ⊛ | ⊕ | F. Ab. XXIV | **70 638** | 1 292 | 5. 7. 99 | Hstuf. d. R. | 9. 9. 34 |
| 277 | Deubel Heinrich, ⊛ ✠ I ⊛ | ⊕ | b. Stab Oa. Main | **14 178** | 186 | 19. 2. 90 | Ltn. d. R. a. D. | 9. 11. 34 |
| 278 | Krüger Kurt, ⊛ ✠ II ⊛ ⊛ ✠ II | ⊕ | b. Stab Oa. Spree | **59 950** | 50 820 | 16. 5. 94 | — | 9. 11. 34 |
| 279 | Zeller Robert, ✠ I ⊛ ⊛ | ⊕ | b. Stab Oa. Südwest | 328 656 | 4 911 | 15. 7. 95 | Ltn. d. R. | 30. 1. 35 |
| 280 | Dr. Boepple Ernst, ⊛ ✠ II ⊛ ⊛ ⊛ St. Sek., St. Rat | ⊕ | b. Stab Oa. Süd | **36 000** | 166 838 | 30. 11. 87 | Obltn. d. R. a. D. | 20. 4. 35 |
| 281 | Dr. Georgii Sigfrid | ⊕ | b. Stab RF SS | 865 199 | 28 212 | 2. 8. 00 | Oberarzt d. R. | 20. 4. 35 |
| 282 | Sattler Carl, ✠ I ⊛ ⊛ ⊛ | ⊕ | b. Stab RuS-Hauptamt | 241 993 | 19 474 | 6. 10. 91 | Ostubaf. d. R. | 20. 4. 35 |
| 283 | Prof. Dr. Lehnich Oswald, ✠ I ⊛ | ⊕ | b. Stab RF SS | 855 209 | 265 884 | 20. 6. 95 | Hptm. d. R. | 20. 4. 35 |
| 284 | Benson Kurt, ⊛ | ⊕ | b. Stab Oa. Nordost | **19 227** | 1 642 | 13. 10. 02 | Ltn. d. R. | 20. 6. 35 |
| 285 | Schmelcher Willy, ⊛ ✠ I ⊛ ⊛ ⊛ Po. Pr., M. d. R. | ⊕ | SS-Pol. F. Tschernigow | **90 783** | 2 648 | 25. 10. 94 | Hptm. d. R. | 15. 9. 35 |
| 286 | Ludwig Kurt, ⊛ Po. Pr., M. d. R. | ⊕ | F. Ab. XIV | **17 225** | 1 397 | 28. 3. 02 | Ostuf. d. R. | 15. 9. 35 |
| 287 | Bock Karl, ✠ II ⊛ ⊛ | ⊕ | F. Ab. XX | 411 630 | 8 569 | 9. 11. 99 | Obltn. d. R. | 15. 9. 35 |
| 288 | Loritz Hans, ✠ II ⊛ ⊛ ⊛ | ⊕ | F. K. L. Sachsenhausen | 298 668 | 4 165 | 21. 12. 95 | Oberf. | 15. 9. 35 |
| 289 | Wystrach Hans, ⊛ ✠ II ⊛ | ⊕ | b. Stab Oa. Südost | **2 249** | 6 011 | 26. 2. 93 | — | 15. 9. 35 |
| 290 | Stein Walter, ✠ II ⊛ ⊛ Po. Pr. | ⊕ | Stab Oa. Rhein | 255 956 | 12 780 | 6. 11. 96 | — | 1. 1. 36 |
| 291 | Jeppe Wilhelm, ⊛ | ⊕ | Stab Oa. Nordost | **21 936** | 679 | 28. 2. 00 | Ostubaf. d. R. | 20. 4. 36 |
| 292 | Bröking Karl, ✠ II ⊛ ⊛ | ⊕ | Stab Oa. Westmark | 214 769 | 3 059 | 14. 3. 96 | Ltn. d. R. a. D. | 20. 4. 36 |
| 293 | Frey Kurt, ⊛ ⊛ M. d. R. | ⊕ | b. Stab Oa. Süd | **29 148** | 1 688 | 28. 4. 02 | — | 20. 4. 36 |
| 294 | Beck Johann, ⊛ ✠ II ⊛ | ⊕ | z. Zt. K. L. Mauthausen | **6 911** | 179 | 22. 7. 88 | — | 13. 9. 36 |
| 295 | Weidermann Willy, ⊛ ⊛ ✠ II ⊛ Po. Pr. | ⊕ | Reichssicherheitshauptamt | **12 194** | 296 | 25. 11. 98 | — | 13. 9. 36 |
| 296 | Fischer Franz, ✠ II ⊛ ⊛ | ⊕ | Stabsf. Oa. Main | 112 226 | 2 874 | 4. 1. 96 | Ltn. d. R. a. D. | 13. 9. 36 |
| 297 | Dr. Eckhardt Georg, ✠ I ⊛ ⊛ | ⊕ | b. Stab Ab. XXVII | 146 717 | 43 197 | 29. 6. 90 | Ostubaf. d. R. | 13. 9. 36 |
| 298 | Lohse Rudolf, ⊛ ⊛ ✠ II | ⊕ | F. Ab. XXXXV | **12 209** | 297 | 18. 2. 04 | — | 13. 9. 36 |
| 299 | Opländer Walter, ⊛ ✠ II ✠ II | ⊕ | F. Ab. XXXIX | **16 019** | 4 457 | 27. 2. 06 | Ustuf. d. R. | 13. 9. 36 |
| 300 | Schäfer Karl, ✠ I ⊛ | ⊕ | F. Ab. XII | 419 439 | 20 865 | 17. 6. 92 | Ltn. d. R. | 13. 9. 36 |
| 301 | Dr. Stepp Walther, ⊛ ⊛ ⊛ | ⊕ | Reichssicherheitshauptamt | 400 206 | 36 244 | 10. 2. 98 | Obltn. d. R. | 9. 11. 36 |
| 302 | Selzner Klaus, ⊛ M. d. R. | ⊕ | Reichssicherheitshauptamt | **24 137** | 277 988 | 20. 2. 99 | — | 2. 12. 36 |
| 303 | Dr. Deuschl Hans, ⊛ | ⊕ | b. Stab Oa. Süd | 147 015 | 8 894 | 21. 7. 91 | — | 30. 1. 37 |
| 304 | Arnold Alfred, ⊛ ⊛ M. d. R. | ⊕ | RuS-Hauptamt | 595 088 | 146 716 | 16. 6. 88 | — | 30. 1. 37 |

| Lfde. Nr. | Name, Vorname | Degen/Ring | Dienststellung | Partei-Nr. | ᛋᛋ-Nr. | Geburts-datum | Führer- bzw. Offz.-Dienstgrad bei der Waffen-ᛋᛋ, Wehrmacht, Polizei | Ober-führer |
|---|---|---|---|---|---|---|---|---|
| 305 | Peuckert Rudi, ⊛ St. Rat, M. d. R. | ⊕ | b. Stab RuS-Hauptamt | **73 255** | 109 496 | 18. 8.08 | — | 30. 1.37 |
| 306 | Dr. Wagner Richard, M. d. R. | ⊕ | RuS-Hauptamt | 416 528 | 23 376 | 2.12.02 | — | 30. 1.37 |
| 307 | Giesecke Gustav, ⊛ ✠II ⊛ | ⊕ | RuS-Hauptamt | **3 354** | 177 004 | 8. 3.87 | Ltn. d. R. a. D. | 30. 1.37 |
| 308 | Rümann Wilhelm, ✠I ⊛ | ⊕ | b. Stab RF ᛋᛋ | 1 331 914 | 276 528 | 9.11.81 | K. Admiral z.V. | 30. 1.37 |
| 309 | Zschintzsch Werner, ✠I ⊛ St. Sek. | ⊕ | b. Stab RF ᛋᛋ | *3 495 469* | 276 657 | 26. 1.88 | Ltn. d. R. a. D. | 30. 1.37 |
| 310 | Friedrich Max, ✠II ⊛ ⊛ ✠II | ⊕ | ᛋᛋ-Führg. Hauptamt | 268 665 | 6 149 | 17.12.79 | Oblt. d. R. a. D. | 20. 4.37 |
| 311 | Frhr. von Thüngen Hildolf, ⊛ ⊛ ✠II ⊛ ⊛ | ⊕ | Stammabt. 81 | 173 397 | 1 928 | 11. 6.78 | Rittm. a. D. | 20. 4.37 |
| 312 | Dr. Lichtschlag Walter, ✠II ⊛ ✠I | ⊕ | Oa. Arzt Südost | 566 222 | 18 332 | 5.10.89 | O. Stabsarzt d. R. | 20. 4.37 |
| 313 | Dr. Balz Hans, ✠I ⊛ ⊛ ✠II | ⊕ | Oa. Arzt Main | 109 673 | 3 129 | 2. 2.89 | O. Stabsarzt d. R. | 20. 4.37 |
| 314 | von Proeck Otto, ✠I ⊛ Po. Pr. | ⊕ | b. Stab RF ᛋᛋ | 1 774 480 | 261 406 | 12. 8.86 | Major a. D. | 20. 4.37 |
| 315 | Bork Arthur, ✠II ⊛ | ⊕ | Reichssicherheitshauptamt | 408 014 | 36 076 | 13. 4.92 | — | 20. 4.37 |
| 316 | Schrage Erich, ⊛ | ⊕ | b. Stab Oa. Mitte | 187 725 | 5 306 | 16.11.99 | Ltn. z. S. z. V. | 20. 4.37 |
| 317 | Stolle Gustav, ⊛ ⊛ ⊛ ✠II | ⊕ | Stabsf. Oa. Westmark | 191 342 | 3 872 | 14. 1.99 | — | 20. 4.37 |
| 318 | Stenger Herbert | ⊕ | b. Stab RF ᛋᛋ | 707 962 | 40 578 | 20. 7.06 | Ltn. d. R. | 20. 4.37 |
| 319 | Gärtner Heinrich, ⊛ ⊛ ✠II ⊛ ✠I | ⊕ | ᛋᛋ-Führg. Hauptamt, Chef Amt V | **35 359** | 148 903 | 27. 2.97 | Oberf. | 20. 4.37 |
| 320 | Bonnes Otto, ✠II ⊛ ⊛ ✠II | ⊕ | ᛋᛋ-W.-V.Hauptamt | 671 592 | 21 294 | 4. 4.89 | Ostubaf. | 20. 4.37 |
| 321 | Graf Ulrich, ⊛ ⊛ ⊛ M. d. R. | ⊕ | Stab RF ᛋᛋ | **8** | 26 | 6. 7.78 | — | 20. 4.37 |
| 322 | Wolkersdörfer Hans, ⊛ ✠I ⊛ ⊛ M. d. R. | ⊕ | z. Zt. beurlaubt | **19 090** | 275 451 | 19. 6.93 | — | 20. 4.37 |
| 323 | Jungkunz Otto, ✠II ⊛ ⊛ ⊛ | ⊕ | F. Ab. VIII | 832 362 | 21 765 | 23. 7.92 | Ostubaf. d. R. | 20. 4.37 |
| 324 | Dr. Steinhäuser Max, ⊛ ✠II ⊛ | ⊕ | Oa. Arzt Mitte | **92 056** | 27 869 | 27. 4.89 | Staf. d. R. | 20. 4.37 |
| 325 | von Nathusius Engelhard, ⊛ ✠I ⊛ ⊛ St. Rat | ⊕ | b. Stab Oa. Westmark | **31 944** | 250 071 | 18. 7.92 | Hptm. d. R. | 20. 4.37 |
| 326 | Helwig Hans, ⊛ ✠II ⊛ | ⊕ | b. Stab Oa. Spree | **55 875** | 1 725 | 25. 9.81 | — | 12. 9.37 |
| 327 | Schuster Karl, ✠I ⊛ ⊛ | ⊕ | kdrt. Stab Oa. Rhein | 328 622 | 6 236 | 6. 7.95 | Stubaf. d. R. | 12. 9.37 |
| 328 | Claassen Günther, ✠I ⊛ Po. Pr. | ⊕ | Stab Oa. West | 1 117 342 | 31 549 | 1.12.88 | Oblt. d. R. a. D. | 12. 9.37 |
| 329 | Luckner Willy, ✠II ⊛ ⊛ M. d. R. | ⊕ | b. Stab RF ᛋᛋ | 225 403 | 25 717 | 20.12.96 | Major d. Sch. P. | 12. 9.37 |
| 330 | Scherner Julian, ⊛ ✠II ⊛ ⊛ | ⊕ | ᛋᛋ-Pol. F. Krakau | 865 027 | 39 492 | 23. 9.95 | Oberf. d. R. | 12. 9.37 |
| 331 | Dr. Jung Karl, ⊛ ✠I ⊛ M. d. R. | ⊕ | b. Stab RF ᛋᛋ | **63 037** | 123 519 | 23. 6.83 | Rittm. d. R. a. D. | 12. 9.37 |
| 332 | Ebrecht George, ✠II ⊛ ✠2 | ⊕ | stellv. F. Oa. Nordost | 597 464 | 268 990 | 24. 7.95 | Ltn. d. R. a. D. | 12. 9.37 |
| 333 | Müller Hermann, ✠I ⊛ | ⊕ | b. Stab RF ᛋᛋ | *3 934 043* | 279 461 | 9. 6.75 | Gen. Ltn. z. V. | 12. 9.37 |
| 334 | Koch Fritz, ✠I ⊛ ⊛ ✠ ⊥ | ⊕ | b. Stab Oa. West | *4 616 213* | 279 971 | 15. 1.79 | Gen. d. I. | 12. 9.37 |
| 335 | Dr. Katz Adolf, ✠II ⊛ ⊛ M.d.R. | ⊕ | ᛋᛋ-Hauptamt | 149 075 | 3 199 | 9. 3.99 | Ostubaf. d. R. | 9.11.37 |
| 336 | Faist Michael, ✠II ⊛ | ⊕ | Stab RuS-Hauptamt, Chef Amt VII | 1 200 157 | 43 814 | 14.12.84 | Ltn. d. R. a. D. | 9.11.37 |
| 337 | Schroeder Wilhelm, ⊛ ✠I ⊛ ⊛ M. d. R. | ⊕ | Stabsf. Oa. Alpenland | **63 277** | 261 293 | 23. 4.98 | Oblt. d. R. | 9.11.37 |

| Lfde. Nr. | Name, Vorname | Degen/Ring | Dienststellung | Partei-Nr. | SS-Nr. | Geburts-datum | Führer- bzw. Offz.-Dienstgrad bei der Waffen-SS, Wehrmacht, Polizei | Ober-führer |
|---|---|---|---|---|---|---|---|---|
| 338 | Motz Karl, ⊛ | ⊕ | b. Stab Ab. III | 122 014 | 242 280 | 16. 10. 06 | — | 9. 11. 37 |
| 339 | von Kretschmann Ernst, ✠✠ I ⊛⊛⊛ | ⚭ | b. Stab RF SS | — | 277 320 | 12. 11. 74 | Oberst z. V. | 9. 11. 37 |
| 340 | von Grolman Wilhelm, ⊛✠ I ⊛⊛⊛ M. d. R. | ⊕ | b. Stab RF SS | 352 864 | 4 130 | 16. 7. 94 | char. Gen. Major d. P. | 9. 11. 37 |
| 341 | Menthe Peter, ✠ I ⊛ | ⊕ | b. Stab RF SS | 541 511 | 240 129 | 25. 1. 88 | Hptm. d. R. a. D. | 25. 1. 38 |
| 342 | Brasack Curt, ✠ I ⊛⊛⊛ | ⊕ | F. Ab. XXX | 267 498 | 8 216 | 6. 4. 92 | Staf. d. R. | 30. 1. 38 |
| 343 | Kühtz Hans, ⊛✠ II ⊛ M. d. R. | ⊕ | F. Ab. XXXXI | 44 033 | 2 521 | 15. 2. 94 | — | 30. 1. 38 |
| 344 | Dr. Rechenbach Horst, ✠ I ⊛ | ⊕ | b. Stab RuS-Hauptamt | 1 352 318 | 51 550 | 11. 7. 95 | Hptm. d. R. | 30. 1. 38 |
| 345 | Metzner Erwin, ⊛ | ⊕ | b. Stab RuS-Hauptamt | 110 974 | 55 370 | 17. 7. 90 | — | 30. 1. 38 |
| 346 | Voss Bernhard, ✠ I ⊛⊛⊛ | ⊕ | Kdt. Tr. Üb. Pl. Beneschau | 2 626 083 | 257 070 | 29. 6. 92 | Oberf. d. R. | 30. 1. 38 |
| 347 | Dr. Schottenheim Otto, ✠ II ⊛⊛⊛ | ⊕ | b. Stab RuS-Hauptamt | 122 188 | 1 527 | 20. 10. 90 | O. Stabsarzt d. R. | 30. 1. 38 |
| 348 | Peucer Karl, ✠ I ⊛⊛ | ⚭ | b. Stab RF SS | 1 117 308 | 123 520 | 2. 9. 82 | Korv. Kpt. a. D. | 30. 1. 38 |
| 349 | Kelz Hans, ⊛✠ II ⊛⊛✠ II | ⊕ | SS-Personalhauptamt, kdrt. Stabshauptamt R. F. d. F. d. V. | 6 993 | 23 475 | 10. 12. 99 | Hstuf. d. R. | 30. 1. 38 |
| 350 | Prof. Dr. Vahlen Theodor, ⊛✠ I ⊛⊛⊛ | ⊕ | b. Stab RF SS | 3 961 | 276 751 | 20. 6. 69 | Major d. R. a. D. | 30. 1. 38 |
| 351 | Sommer Walther, ⊛✠ II ⊛⊛ | ⊕ | b. Stab RF SS | 101 505 | 278 227 | 9. 7. 93 | — | 30. 1. 38 |
| 352 | von Weiß Otto, ✠ I ⊛⊛ | ⚭ | b. Stab Oa. Nordost | 1 061 375 | 277 324 | 26. 8. 78 | Oberstltn. d. R. | 30. 1. 38 |
| 353 | Bornhausen Eduard, ✠ I ⊛⊛⊛ | ⚭ | b. Stab Oa. Rhein | 5 945 100 | 279 980 | 24. 11. 76 | Oberstltn. z. V. | 30. 1. 38 |
| 354 | Dr. Naumann Werner, ⊛ | ⊕ | b. Stab RF SS | 101 399 | 1 607 | 16. 6. 09 | Ostuf. d. R. | 30. 1. 38 |
| 355 | Fitzthum Josef, ⊛⊛⊛⊛ M. d. R. | ⊕ | Reichssicherheitshauptamt | 363 169 | 41 936 | 14. 9. 96 | Stubaf. d. R. | 12. 3. 38 |
| 356 | Cassel Erich, ⊛ | ⊕ | Stabsf. Oa. Donau | 41 149 | 23 936 | 1. 9. 05 | — | 12. 3. 38 |
| 357 | Langoth Franz, ⊛ M. d. R. | ⚭ | b. Stab Ab. VIII | — | 292 795 | 20. 8. 77 | Ltn. d. R. a. D. | 12. 3. 38 |
| 358 | Feil Hanns, ⊛ | ⊕ | F. Ab. XXXVI | 900 434 | 41 937 | 13. 6. 96 | Ostubaf. d. R. | 20. 3. 38 |
| 359 | Schraufstetter Gottfried, ⊛⊛⊛ | ⊕ | b. Stab SS-W.-V.-Hauptamt | 530 796 | 12 027 | 28. 6. 98 | Stubaf. d. R. | 20. 4. 38 |
| 360 | Wigand Arpad, ⊛ | ⊕ | SS-Pol. F. Warschau | 30 682 | 2 999 | 13. 1. 06 | Ltn. d. R. | 20. 4. 38 |
| 361 | Dietrich Hermann, ⊛ | | Stab Oa. Südwest | 333 020 | 6 043 | 16. 1. 96 | — | 20. 4. 38 |
| 362 | von Petersenn Walther, ✠ I ⊛⊛ | ⊕ | Pers. Stab RF SS | 133 592 | 276 141 | 30. 4. 82 | Ostubaf. d. R. | 20. 4. 38 |
| 363 | Dr. Dermietzel Friedrich, ✠ I ⊛ | ⊕ | SS-Div. Reich | 1 106 473 | 31 115 | 7. 2. 99 | Oberf. | 20. 4. 38 |
| 364 | Naumann Erich, ✠ II | ⊕ | Insp. Sich. P. u. SD Berlin, z. Zt. Osteinsatz | 170 257 | 107 496 | 29. 4. 05 | — | 20. 4. 38 |
| 365 | Dr. Gritzbach Erich, ✠ I ⊛⊛⊛ St. Rat | ⊕ | b. Stab RF SS | 3 473 289 | 80 174 | 12. 7. 96 | Hptm. d. R. | 20. 4. 38 |
| 366 | Altvater-Mackensen Arno, ✠ I ⊛ | ⊕ | SS-Personalhauptamt | 4 661 022 | 276 226 | 8. 6. 83 | Oberst z. Zt. W. H. | 1. 7. 38 |
| 367 | Siekmeier Heinrich, ⊛ St. Rat, M. d. R. | ⊕ | b. Stab Ab. XXVII | 60 462 | 280 674 | 15. 12. 03 | — | 11. 9. 38 |
| 368 | Gross Martin, ⊛ M. d. R. | ⊕ | b. Stab Ab. XXVII | 1 333 | 280 904 | 8. 5. 01 | — | 11. 9. 38 |

| Lfde. Nr. | Name, Vorname | Degen/Ring | Dienststellung | Partei-Nr. | ⁂-Nr. | Geburts-datum | Führer- bzw. Offz.-Dienstgrad bei der Waffen-⁂, Wehrmacht, Polizei | Ober-führer |
|---|---|---|---|---|---|---|---|---|
| 369 | Dr. Grote Heinrich, ✠ II ⊛ ⊛ | ⊕ | b. Stab RF ⁂ | 1 248 830 | 44 005 | 29. 2.88 | Stabsarzt d. R. | 11. 9.38 |
| 370 | Adams Josef, ⊛ L. Hptm. | ⊕ | b. Stab Oa. Südost | 30 878 | 6 165 | 20. 3.01 | — | 11. 9.38 |
| 371 | Moser Hilmar, ✠ I ⊛ ✠ ⊛ | ⊕ | b. Stab RF ⁂ | 5 981 943 | 309 713 | 5.11.80 | Gen. Ltn. | 11. 9.38 |
| 372 | Brandner Willi, ⊛ ✠ II M.d.R. | ⊕ | F. Ab. II | 6 644 578 | 310 310 | 12. 8.09 | Ustuf. d. R. | 8.10.38 |
| 373 | Müller Erhard, ⊛ ⊛ II M.d.R. | ⊕ | Stabsf. Oa. Südwest | 19 100 | 70 | 17.11.06 | — | 9.11.38 |
| 374 | Dr. Palten Günther, Reg. Pr. | ⊕ | Reichssicherheits-hauptamt | 566 217 | 40 064 | 3. 3.03 | Ltn. d. R. | 9.11.38 |
| 375 | Hecker Ewald, ✠ I ⊛ | ⊕ | b. Stab Ab. IV | 2 955 650 | 276 903 | 14.10.79 | Rittm. d. R. a. D. | 9.11.38 |
| 376 | Frhr. von Schröder Kurt, ✠ I ⊛ ⊛ | ⊕ | b. Stab RF ⁂ | 1 475 919 | 276 904 | 24.11.89 | Rittm. a. D. | 9.11.38 |
| 377 | Brinkmann Rudolf, ✠ II ⊛ St. Sek., St. Rat | ⊕ | z. Zt. krank | — | 308 241 | 28. 8.93 | — | 9.11.38 |
| 378 | Prof. Dr. Teitge Heinrich | ⊕ | Oa. Arzt Spree | 320 080 | 5 736 | 16. 7.00 | Ass. Arzt d. R. | 21.12.38 |
| 379 | Montag Fritz, ⊛ ✠ II ⊛ | ⊕ | b. Stab Ab. XXXIII | 55 027 | 27 558 | 14.11.96 | Ustuf. d. R. | 30. 1.39 |
| 380 | Dr. Müller Friedrich-Wilhelm, ⊛ ✠ I ⊛ ⊛ | ⊕ | Oa. Arzt Nordsee | 355 586 | 14 722 | 26. 1.97 | Staf. d. R. | 30. 1.39 |
| 381 | Maurice Emil, ⊛ ⊛ ⊛ M.d.R. | ⊕ | b. Stab Ab. I | 39 | 2 | 19. 1.97 | — | 30. 1.39 |
| 382 | Weinert Hans, ✠ I ⊛ ⊛ | ⊕ | Insp. Stammabt. Nordsee | 249 303 | 4 459 | 18. 1.88 | Hptm. a. D. | 30. 1.39 |
| 383 | Tscharmann Friedrich, ✠ I ⊛ ⊛ ⊛ | ⊕ | ⁂-Führg. Hauptamt | — | 266 455 | 30.11.71 | Oberf. | 30. 1.39 |
| 384 | Ring Hans, ✠ II ⊛ ⊛ | ⊕ | z. Zt. beurlaubt | 413 742 | 6 286 | 31.10.98 | Ltn. d. R. a. D. | 30. 1.39 |
| 385 | Prof. Dr. Schmitthenner Paul, ✠ I ⊛ ⊛ St. Mi. | ⊕ | b. Stab Oa. Rhein | 2 090 224 | 226 321 | 2.12.84 | Major a. D. | 30. 1.39 |
| 386 | Gerlach Walter, ✠ II ⊛ | ⊕ | F. Ab. VII | 307 120 | 14 567 | 25. 8.96 | — | 30. 1.39 |
| 387 | Trumpf Arnold, ✠ II ⊛ | ⊕ | b. Stab RuS-Hauptamt | 389 920 | 187 119 | 27.10.92 | Ltn.d.R. a.D. | 30. 1.39 |
| 388 | Bachl Eduard, ⊛ ⊛ | ⊕ | Stab Oa. West | 14 179 | 651 | 13.10.99 | Ostubaf. d. R. | 30. 1.39 |
| 389 | Rodde-Hanau Wilhelm, ✠ I ⊛ ⊛ ⊛ | ⊕ | b. Stab RF ⁂ | 923 608 | 250 064 | 22. 3.93 | Ltn. d. R. a. D. | 30. 1.39 |
| 390 | Traupel Wilhelm, ✠ I ⊛ ⊛ ⊛ L. Hptm. | ⊕ | Reichssicherheits-hauptamt | 332 674 | 74 674 | 6. 5.91 | Obltn. d. R. | 30. 1.39 |
| 391 | Peter Hermann, ✠ II ⊛ ⊛ | ⊕ | F. Ab. X | 313 945 | 20 001 | 27. 7.93 | Ostubaf. d. R. | 30. 1.39 |
| 392 | von Gottberg Curt, ✠ I ⊛ ⊛ | ⊕ | ⁂-Hauptamt, Chef Amt III | 948 753 | 45 923 | 11. 2.96 | Ostubaf. d. R. | 30. 1.39 |
| 393 | Neumann Erich, ✠ II ⊛ ⊛ St. Rat | ⊕ | b. Stab RF ⁂ | 2 645 024 | 222 014 | 31. 5.92 | Obltn. d. R. | 30. 1.39 |
| 394 | Dr. Caesar Joachim | ⊕ | b. Stab ⁂-W.-V. Hauptamt | 626 589 | 74 704 | 30. 5.01 | Ustuf. d. R. | 30. 1.39 |
| 395 | Frhr. von Thermann Edmund, ✠ I ⊛ ⊛ | ⊕ | b. Stab Oa. Nordsee | 1 508 059 | 100 320 | 6. 3.84 | Rittm. d. R. | 30. 1.39 |
| 396 | Herrmann Fritz, ✠ I ⊛ ⊛ ✠ II Reg. Pr. | ⊕ | Reichssicherheits-hauptamt | 3 131 632 | 36 242 | 15. 6.85 | Major a. D. | 30. 1.39 |
| 397 | Cerff Karl, ⊛ | ⊕ | Pers. Stab RF ⁂ | 30 314 | 323 782 | 12. 3.07 | Ustuf. d. R. | 30. 1.39 |
| 398 | Siekmeier Heinz, ⊛ Reg. Pr. | ⊕ | b. Stab Oa. Rhein | 30 536 | 294 893 | 10. 1.01 | — | 21. 3.39 |
| 399 | Dr. Neumann Ernst, ⊛ M.d.R. | ⊕ | b. Stab Oa. Nordost | — | 323 035 | 13. 7.88 | Ostubaf. d. R. | 23. 3.39 |
| 400 | Diels Rudolf, ⊛ Reg. Pr. | ⊕ | b. Stab Ab. IV | 3 955 308 | 187 116 | 16.12.00 | — | 20. 4.39 |
| 401 | Ihle Wilhelm, ⊛ ⊛ ✠ II | ⊕ | F. Ab. XXXX | 67 958 | 2 036 | 23.10.89 | Ostuf. d. R. | 20. 4.39 |
| 402 | Schulz Robert, ⊛ L. Hptm., M. d. R. | ⊕ | b. Stab Oa. Warthe | 3 654 | 392 | 28. 7.00 | — | 20. 4.39 |

| Lfde. Nr. | Name, Vorname | Degen/Ring | Dienststellung | Partei-Nr. | SS-Nr. | Geburts-datum | Führer- bzw. Offz.-Dienstgrad bei der Waffen-SS, Wehrmacht, Polizei | Oberführer |
|---|---|---|---|---|---|---|---|---|
| 403 | Leffler Paul, ✠ I 🎖 🎖 Po. Pr. | 🎖 | Reichssicherheits-hauptamt | 132 875 | 20 326 | 1.12.90 | Obltn. d. R. | 20. 4.39 |
| 404 | Oberg Karl, ✠ I 🎖 🎖 Po. Pr. | 🎖 | SS-Pol. F. Lemberg | 575 205 | 36 075 | 27. 1.97 | Ltn. d. R. a. D. | 20. 4.39 |
| 405 | Dunckern Anton, 🎖 ✠ II | 🎖 | Befehlshaber Sich. P. u. SD Metz | 315 601 | 3 526 | 29. 6.05 | Oberst d. P. | 20. 4.39 |
| 406 | Dr. Ebner Gregor, ✠ II 🎖 🎖 | | Pers. Stab RF SS | 340 925 | 13 966 | 24. 6.92 | — | 20. 4.39 |
| 407 | Dr. von Hoff Richard, ✠ I 🎖 🎖 🎖 | 🎖 | b. Stab Ab. XIV | 403 074 | 177 005 | 12. 6.80 | Obltn. d. R. | 20. 4.39 |
| 408 | Likus Rudolf, 🎖 ✠ II 🎖 🎖 🎖 | 🎖 | Reichssicherheits-hauptamt | 5 814 | 204 631 | 28.10.92 | — | 20. 4.39 |
| 409 | Dr. Mehlhorn Herbert | 🎖 | b. Stab Oa. Warthe | 599 865 | 36 054 | 24. 3.03 | — | 20. 4.39 |
| 410 | Möckel Karl, 🎖 | 🎖 | SS-W.-V. Hauptamt | 22 293 | 908 | 9. 1.01 | Ostubaf. d. R. | 20. 4.39 |
| 411 | Dr. Scharf Friedrich, 🎖 St. Mi. | 🎖 | b. Stab Ab. XXXIII | 851 780 | 284 123 | 25. 8.97 | — | 20. 4.39 |
| 412 | Engert Karl, 🎖 ✠ II 🎖 🎖 | 🎖 | b. Stab RF SS | 57 331 | 274 758 | 23.10.77 | Ltn. d. R. a. D. | 20. 4.39 |
| 413 | Dillgardt Just, 🎖 ✠ I. 🎖 | 🎖 | Reichssicherheits-hauptamt | 85 244 | 35 615 | 8. 4.89 | — | 20. 4.39 |
| 414 | Frhr. von der Goltz Friedrich, ✠ I 🎖 🎖 | ⚔ | b. Stab Oa. Elbe | 472 541 | 293 076 | 25.10.73 | Oberst a. D. | 20. 4.39 |
| 415 | von Podbielski Victor, 🎖 ✠ I 🎖 🎖 | ⚔ | b. Stab RF SS | 523 688 | 293 718 | 9. 3.92 | Ltn. d. R. a. D. | 20. 4.39 |
| 416 | Langleist Walter, ✠ II 🎖 🎖 🎖 | 🎖 | F. Ab. XVII | 352 801 | 8 980 | 5. 8.93 | Ostuf. d. R. | 20. 4.39 |
| 417 | Simon Paul, 🎖 M. d. R. | 🎖 | b. Stab Oa. Ostsee | 49 185 | 9 504 | 18. 2.08 | — | 20. 4.39 |
| 418 | Dr. Mischke Gerhard, ✠ II 🎖 Reg. Pr. | 🎖 | b. Stab Oa. Rhein | 239 888 | 289 212 | 25.12.98 | — | 20. 4.39 |
| 419 | Prinz von Hessen Christoph, ✠ II | 🎖 | b. Stab RF SS | 696 176 | 35 903 | 14. 5.01 | Hptm. d. R. | 1. 6.39 |
| 420 | Dr. Glasmeier Heinrich, ✠ I 🎖 | 🎖 | b. Stab RF SS | 891 960 | 53 406 | 5. 3.92 | Rittm. d. R. | 1. 6.39 |
| 421 | Schmelt Albrecht, ✠ I 🎖 🎖 🎖 M. d. R. | ⚔ | Reichssicherheits-hauptamt | 369 853 | 340 792 | 19. 8.99 | — | 1. 6.39 |
| 422 | Gareis Heinrich, Reg. Pr. | ⚔ | b. Stab RF SS | 5 030 396 | 309 733 | 30. 3.78 | | 21. 6.39 |
| 423 | Graf von Bismarck-Schönhausen Gottfried, Reg. Pr., M. d. R. | ⚔ | b. Stab RF SS | 1 290 912 | 231 947 | 29. 3.01 | — | 21. 6.39 |
| 424 | Prof. Dr. Mentzel Rudolf, 🎖 | 🎖 | Pers. Stab RF SS | 2 937 | 39 885 | 28. 4.00 | — | 21. 6.39 |
| 425 | Rüdiger Hans, ✠ I 🎖 🎖 Reg. Pr. | 🎖 | Reichssicherheits-hauptamt | 336 025 | 284 124 | 16. 6.89 | Obltn. d. R. a. D. | 21. 6.39 |
| 426 | Dr. Zippelius Friedrich, Reg. Pr. | ⚔ | b. Stab Ab. XXIV | — | 314 974 | 29. 8.01 | — | 21. 6.39 |
| 427 | Dr. Müller Johannes, Reg. Pr. | ⚔ | b. Stab RF SS | 2 890 114 | 278 230 | 27. 8.01 | — | 21. 6.39 |
| 428 | von Keudell Otto, ✠ I 🎖 🎖 🎖 Reg. Pr. | ⚔ | b. Stab Oa. Weichsel | 1 772 957 | 241 805 | 28. 2.87 | Obltn. d. R. a. D. | 21. 6.39 |
| 429 | Edler von der Planitz Carl, ✠ I 🎖 🎖 🎖 Reg. Pr. | 🎖 | b. Stab Oa. Ostsee | 1 285 610 | 309 717 | 26. 8.93 | Hptm. d. R. | 21. 6.39 |
| 430 | Dr. Kreissl Anton, 🎖 M. d. R. | 🎖 | Reichssicherheits-hauptamt | 6 600 842 | 313 996 | 14. 2.95 | Obltn. d. R. a. D. | 1. 9.39 |
| 431 | Brand Maximilian, ✠ II 🎖 🎖 🎖 Po. Pr. | 🎖 | Reichssicherheits-hauptamt | 724 884 | 36 003 | 4. 4.88 | Ltn. d. R. a. D. | 10. 9.39 |
| 432 | Berndt Alfred ✠ II 🎖 🎖 | 🎖 | Reichssicherheits-hauptamt | 1 101 961 | 242 890 | 22. 4.05 | Ltn. d. R. | 10. 9.39 |
| 433 | Seidler Walther, 🎖 ✠ I 🎖 🎖 M. d. R. | ⚔ | RuS-Hauptamt | 11 869 | 276 581 | 24. 2.97 | Ltn. d. R. a. D. | 10. 9.39 |
| 434 | Stroop Jürgen, ✠ II 🎖 🎖 🎖 🎖 II | 🎖 | b. Höh. SS-Pol. F. Rußland-Süd | 1 292 297 | 44 611 | 26. 9.95 | Ostuf. d. R. | 10. 9.39 |
| 435 | Wintersteiger Anton, 🎖 M. d. R. | 🎖 | b. Stab Ab. XXXVI | 361 428 | 292 798 | 30. 4.00 | — | 10. 9.39 |
| 436 | Dr. Hayler Franz, 🎖 🎖 🎖 ✠ II 🎖 II | 🎖 | Reichssicherheits-hauptamt | 754 133 | 64 697 | 29. 8.00 | Ltn. d. R. | 10. 9.39 |

| Lfde. Nr. | Name, Vorname | Degen/Ring | Dienststellung | Partei-Nr. | SS-Nr. | Geburts-datum | Führer- bzw. Offz.-Dienstgrad bei der Waffen-SS, Wehrmacht, Polizei | Ober-führer |
|---|---|---|---|---|---|---|---|---|
| 437 | Hornung Konrad, ✠ II ✠ | | b. Stab Oa. Donau | — | 323 044 | 16. 11. 77 | Gen. Major z. V. | 10. 9. 39 |
| 438 | Dr. Dill Gottlob, ✠ I ✠ ✠ | | Reichssicherheits-hauptamt | 921 743 | 327 310 | 30. 8. 85 | Hptm. d. R. a. D. | 10. 9. 39 |
| 439 | Dr. Grossmann Erich | ⊕ | b. Stab Oa. Weichsel | 720 199 | 27 786 | 30. 1. 02 | — | 19. 9. 39 |
| 440 | Kanstein Paul, ✠ II ✠ | ⊕ | Reichssicherheits-hauptamt z. Zt. Kopenhagen | 2 306 733 | 189 786 | 31. 5. 99 | Ltn. d. R. | 1. 10. 39 |
| 441 | Dr. Stellrecht Helmut, ✠ II ✠ ✠ M. d. R. | | Reichssicherheits-hauptamt | 469 220 | 347 101 | 21. 12. 98 | Ostuf. d. R. | 1. 10. 39 |
| 442 | von Herff Maximilian, ✠ I ✠ ✠ ✠ ✠ | | SS-Personal-hauptamt | — | 405 894 | 17. 4. 93 | Oberf. | 1. 10. 39 |
| 443 | Kehrl Hans, ✠ I | ⊕ | b. Stab RF SS | 1 878 921 | 276 899 | 8. 9. 00 | — | 9. 11. 39 |
| 444 | Edler Kless von Drauwörth Anton, ✠ II ✠ ✠ | ♀ | b. Stab Oa. Donau | — | 310 301 | 8. 6. 82 | Gen. Major a. D. | 9. 11. 39 |
| 445 | Dr. Kohnert Hans, ✠ | | b. Stab RF SS | — | 356 871 | 28. 6. 05 | — | 13. 11. 39 |
| 446 | Uhle Ulrich, ✠ II M. d. R. | | Reichssicherheits-hauptamt | — | 393 261 | 21. 5. 97 | — | 13. 12. 39 |
| 447 | Vogelsang Franz, ✠ II ✠ Reg. Pr. | | b. Stab Oa. West | 544 838 | 337 798 | 22. 9. 99 | — | 21. 12. 39 |
| 448 | Adam Ludwig, ✠ II ✠ | | b. Stab RF SS | 277 796 | 347 179 | 19. 6. 93 | — | 1. 1. 40 |
| 449 | Lange Karl, ✠ I ✠ | ⊕ | b. Stab Oa. Warthe | 397 938 | 276 313 | 10. 10. 75 | Major z. V. | 30. 1. 40 |
| 450 | Schwedler Hans, ✠ I ✠ ✠ ✠ | ⊕ | SS-Standortkdtr. Prag | 455 899 | 60 740 | 17. 10. 78 | Oberf. | 30. 1. 40 |
| 451 | Diesterweg Gustav, ✠ I ✠ ✠ ✠ | ⊕ | Kdr. SS-Waffen-mstr. Schule Dachau | 3 958 887 | 259 554 | 2. 6. 75 | Staf. | 30. 1. 40 |
| 452 | Peter Richard, ✠ I ✠ ✠ | ⊕ | b. Stab RF SS | 3 272 750 | 259 787 | 30. 7. 78 | Oberst d. P. a. D. | 30. 1. 40 |
| 453 | Dr. Illgner Hans, ✠ I ✠ | ⊕ | b. Stab RF SS | 1 011 652 | 203 043 | 5. 3. 87 | Obltn. d. R. a. D. | 30. 1. 40 |
| 454 | Frhr. von Schele Werner, ✠ I ✠ ✠ | ⊕ | b. Stab Oa. Süd | 574 736 | 260 644 | 26. 1. 87 | Oberf. a. D. | 15. 2. 40 |
| 455 | Deininger Johann, M. d. R. | ⊕ | RuS-Hauptamt | 135 961 | 254 594 | 9. 4. 96 | — | 20. 4. 40 |
| 456 | Prof. Dr. Saure Wilhelm, ✠ | ⊕ | b. Stab RuS-Hauptamt | 2 597 472 | 260 752 | 25. 9. 99 | — | 20. 4. 40 |
| 457 | von Dufais Wilhelm, ✠ I ✠ ✠ | ⊕ | Stab Chef Fern-meldewesen | 5 276 395 | 283 028 | 8. 7. 88 | Oberf. d. R. | 20. 4. 40 |
| 458 | Tondock Martin, ✠ II | ⊕ | Hauptamt SS-Gericht | 1 191 023 | 54 006 | 8. 3. 01 | — | 20. 4. 40 |
| 459 | Dr. Reitter Albert, ✠ ✠ Reg. Pr. | ♀ | b. Stab Oa. Alpenland | — | 307 770 | 14. 6. 95 | — | 20. 4. 40 |
| 460 | Dellenbusch Karl-Eugen, Reg. Pr. | O | b. Stab Oa. West | 1 316 229 | 353 036 | 11. 10. 01 | — | 20. 4. 40 |
| 461 | Marrenbach Otto, ✠ M. d. R. | | b. Stab RF SS | 100 361 | 353 162 | 28. 7. 99 | — | 20. 4. 40 |
| 462 | Wiesner Rudolf, ✠ ✠ II ✠ ✠ ✠ II M.d.R. | O | Reichssicherheits-hauptamt | 7 777 970 | 365 138 | 11. 12. 90 | — | 1. 5. 40 |
| 463 | Dr. Wimmer Friedrich, ✠ ✠ St. Sek., Reg. Pr. | ⊕ | b. Stab RF SS, z. Zt. b. Reichskomm. Niederlande | 6 330 487 | 308 221 | 9. 7. 97 | Ltn. d. R. a.D. | 2. 6. 40 |
| 464 | Dr. David Herbert, M.d.R. | ♀ | b. Stab Ab. XXXVII | 498 895 | 314 954 | 6. 5. 00 | — | 21. 6. 40 |
| 465 | Bene Otto, ✠ ✠ I ✠ ✠ ✠ II | ⊕ | b. Stab RF SS, z. Zt. b. Reichskomm. Niederlande | 839 863 | 347 158 | 20. 9. 84 | Ltn. d. R. a. D. | 1. 8. 40 |

| Lfde. Nr. | Name, Vorname | Degen/Ring | Dienststellung | Partei-Nr. | SS-Nr. | Geburtsdatum | Führer- bzw. Offz.-Dienstgrad bei der Waffen-SS, Wehrmacht, Polizei | Oberführer |
|---|---|---|---|---|---|---|---|---|
| 466 | Dr. Kinkelin Wilhelm, ✠ II 🔘 🔘 | 🔘 | b. Stab SS-Hauptamt | 509 411 | 275 990 | 25. 8. 96 | — | 25. 8. 40 |
| 467 | Prof. Dr. Müller-Haccius Otto, ✠ I 🔘 🔘 Reg. Pr. | | b. Stab Oa. Alpenland | 2 171 765 | 351 375 | 21. 9. 95 | Hptm. d. R. | 1. 9. 40 |
| 468 | Haidn Matthias, 🔘 | ⚔ | b. Stab RuS-Hauptamt | 48 701 | 121 789 | 11. 11. 00 | — | 9. 11. 40 |
| 469 | Brack Viktor, 🔘 | 🔘 | b. Stab RF SS | 173 388 | 1 940 | 9. 11. 04 | — | 9. 11. 40 |
| 470 | Vogler Anton, ✠ I 🔘 🔘 | 🔘 | Stabsf. Oa. Süd | 3 202 292 | 260 723 | 5. 9. 82 | Major a. D. | 9. 11. 40 |
| 471 | Bauer Alfred, ✠ II 🔘 🔘 ✠ II | 🔘 | SS-Führg. Hauptamt | 862 195 | 19 406 | 15. 4. 96 | — | 9. 11. 40 |
| 472 | Hewel Walther, 🔘 | 🔘 | b. Stab RF SS | 3 280 789 | 283 985 | 25. 3. 04 | — | 9. 11. 40 |
| 473 | Steeg Ludwig, ✠ I 🔘 | 🔘 | b. Stab Oa. Spree | 1 485 884 | 127 531 | 22. 12. 94 | Ltn. d. R. | 9. 11. 40 |
| 474 | Kaaserer Richard, 🔘 🔘 🔘 | 🔘 | Stab RuS-Hauptamt, Chef Amt IV | 1 087 778 | 46 104 | 21. 8. 96 | Hptm. d. R. a. D. | 9. 11. 40 |
| 475 | Gerland Karl, 🔘 M. d. R. | ⚔ | b. Stab RF SS | 176 572 | 293 003 | 14. 7. 05 | — | 9. 11. 40 |
| 476 | Thier Theobald, ✠ I 🔘 🔘 ✠ II | 🔘 | Stab Oa. Nord, z. Zt. Berlin | 1 744 848 | 250 198 | 12. 4. 97 | Hptm. d. R. | 9. 11. 40 |
| 477 | Schliessmann Leonhard, ✠ I 🔘 🔘 | ⚔ | b. Stab RF SS | — | 277 541 | 5. 9. 77 | Major a. D. | 9. 11. 40 |
| 478 | Steiner Albert, 🔘 🔘 🔘 | 🔘 | F. Ab. XVIII | 17 517 | 25 459 | 25. 8. 97 | — | 9. 11. 40 |
| 479 | Kasper Rudolf, 🔘 🔘 ✠ II | 🔘 | b. Stab RF SS | 6 430 407 | 313 997 | 29. 11. 96 | Ltn. d. R. a. D. | 9. 11. 40 |
| 480 | Eberhard Kurt, ✠ I 🔘 | | b. Stab Oa. Südwest | 5 645 459 | 323 045 | 12. 9. 74 | Gen. Major z. V. | 9. 11. 40 |
| 481 | Eckhardt Paul, 🔘 ✠ I 🔘 🔘 Reg. Pr. | 🔘 | b. Stab Oa. Ostsee | 11 734 | 323 759 | 13. 7. 98 | Hptm. d. R. | 9. 11. 40 |
| 482 | Dr. Oehler Helmuth, ✠ II 🔘 🔘 | 🔘 | Reichssicherheitshauptamt | 5 729 347 | 274 680 | 26. 10. 90 | Obltn. d. R. | 9. 11. 40 |
| 483 | Dr. Frhr. von Dörnberg Alexander | 🔘 | b. Stab RF SS | 3 398 362 | 293 224 | 17. 3. 01 | — | 9. 11. 40 |
| 484 | Dr. Doehle Heinrich, ✠ I 🔘 | ⚔ | b. Stab RF SS | 3 934 062 | 309 078 | 23. 9. 83 | Hptm. d. R. a. D. | 9. 11. 40 |
| 485 | Knapp Robert, 🔘 ✠ II 🔘 🔘 ✠ II | 🔘 | F. Ab. XXXVII | 782 132 | 36 350 | 1. 10. 85 | Rittm. a. D. | 9. 11. 40 |
| 486 | Dr. Dellbrügge Hans, Reg. Pr. | ⚔ | Reichssicherheitshauptamt | 2 008 517 | 201 858 | 15. 9. 02 | — | 9. 11. 40 |
| 487 | Dr. Portschy Tobias, 🔘 🔘 M. d. R. | | b. Stab Ab. XXXV | 511 418 | 365 175 | 5. 9. 05 | — | 9. 11. 40 |
| 488 | Herwig Karl, 🔘 ✠ II 🔘 🔘 🔘 | 🔘 | F. 53. Sta. | 97 428 | 5 447 | 25. 7. 95 | | 30. 1. 41 |
| 489 | Müller Otto, ✠ I 🔘 🔘 | 🔘 | F. Ab. XXXIII | 187 568 | 25 757 | 26. 11. 92 | — | 30. 1. 41 |
| 490 | Meyer C. C. Fritz, 🔘 ✠ II 🔘 🔘 St. Rat, M. d. R. | 🔘 | b. Stab Ab. XV | 163 332 | 276 982 | 20. 1. 81 | Ltn. d. R. a. D. | 30. 1. 41 |
| 491 | Dr. von Sammern-Frankenegg Ferdinand, 🔘 🔘 M. d. R. | 🔘 | F. Ab. IX | 1 456 955 | 292 792 | 17. 3. 97 | Obltn. d. R. a. D. | 30. 1. 41 |
| 492 | Schwiering Walter, 🔘 ✠ I 🔘 🔘 | 🔘 | b. Stab RF SS | 39 218 | 113 645 | 19. 2. 98 | Ltn. d. R. a. D. | 30. 1. 41 |
| 493 | Spickschen Erich, ✠ I 🔘 M. d. R. | 🔘 | RuS-Hauptamt | 1 360 788 | 277 482 | 23. 7. 97 | Obltn. d. R. | 30. 1. 41 |
| 494 | Dr. Koch Hans, Reg. Pr. | O | Reichssicherheitshauptamt, z. Zt. b. Reichskomm. Norwegen | 475 684 | 79 652 | 29. 10. 02 | — | 30. 1. 41 |
| 495 | Dr. Schöngarth Eberhard | 🔘 | Befehlshaber Sich. P. u. SD. Krakau | 2 848 857 | 67 174 | 22. 4. 03 | Oberst d. P. | 30. 1. 41 |
| 496 | Dr. Donnevert Richard, 🔘 ✠ II 🔘 🔘 M. d. R. | O | b. Stab Oa. Elbe | 390 311 | 382 469 | 2. 8. 96 | Obltn. d. R. a. D. | 30. 1. 41 |
| 497 | Korreng August, ✠ I 🔘 🔘 Po. Pr. | 🔘 | b. Stab Oa. West | 449 807 | 29 625 | 1. 5. 78 | Obltn. d. R. a. D. | 15. 3. 41 |

| Lfde. Nr. | Name, Vorname | Degen/Ring | Dienststellung | Partei-Nr. | ⚡⚡-Nr. | Geburts-datum | Führer- bzw. Offz.-Dienstgrad bei der Waffen-⚡⚡, Wehrmacht, Polizei | Ober-führer |
|---|---|---|---|---|---|---|---|---|
| 498 | Blaschke Hanns, ❋ ❋ M. d. R. | ⚕ | b. Stab Oa. Donau | 614 686 | 292 790 | 1. 4. 96 | Obltn. d. R. a. D. | 20. 4. 41 |
| 499 | Rafelsberger Walter, ❋ | ⚕ | b. Stab Oa. Donau | 1 616 497 | 293 726 | 4. 8. 99 | — | 20. 4. 41 |
| 500 | Mörschel Johann ❋ I ❋ ❋ | ⚕ | Stabsf. Oa. Nordsee | 1 273 740 | 256 072 | 29. 10. 80 | char. Oberst d. P. a. D. | 20. 4. 41 |
| 501 | Thiele Johannes, ❋ I ❋ ❋ | ⚕ | Insp. Sich. P. u. SD Hamburg | 1 774 686 | 280 077 | 22. 3. 90 | Hptm. d. R. | 20. 4. 41 |
| 502 | Dr. Meerwald Willy, ❋ II ❋ | ⚕ | b. Stab RF ⚡⚡ | 1 552 922 | 113 656 | 4. 9. 88 | — | 20. 4. 41 |
| 503 | Reinhardt Karl, M. d. R. | ⚕ | RuS-Hauptamt | 161 617 | 17 254 | 4. 12. 05 | — | 20. 4. 41 |
| 504 | Blaschke Hugo, ❋ II | ⚕ | ⚡⚡-San. Amt | 452 082 | 256 882 | 14. 11. 81 | Oberf. | 20. 4. 41 |
| 505 | Matthiessen Martin, ❋ M. d. R. | ⚕ | RuS-Hauptamt | 92 345 | 277 130 | 26. 2. 01 | — | 20. 4. 41 |
| 506 | von Arent Benno, ❋ I ❋ | ⚕ | b. Stab RF ⚡⚡ | 1 105 236 | 36 320 | 19. 6. 98 | Hptm. d. R. | 20. 4. 41 |
| 507 | Prof. Dr. Dr. Schmidt Albrecht, ❋ II w ❋ | O | b. Stab Ab. XXX | 1 830 078 | 327 474 | 3. 7. 64 | — | 20. 4. 41 |
| 508 | Damzog Ernst, ❋ II ❋ | O | Insp. Sich. P. u. SD Posen | — | 36 157 | 30. 10. 82 | Ltn. d. R. a. D. | 20. 4. 41 |
| 509 | Dr. Merk Günther, ❋ I ❋ ❋ | | Kdr. Art. Regt. ⚡⚡-Div. Reich | 1 346 722 | 347 133 | 14. 3. 88 | Oberf. d. R. | 20. 4. 41 |
| 510 | Rethel Lothar, ❋ ❋ I ❋ | O | RuS-Hauptamt | 466 322 | 279 428 | 3. 3. 95 | Hptm. d. R. | 20. 4. 41 |
| 511 | Opdenhoff Christian, ❋ M. d. R. | ⚕ | b. ⚡⚡-Personalhauptamt | 19 633 | 279 314 | 2. 10. 02 | — | 30. 5. 41 |
| 512 | Dr. Kammler Hans | ⚕ | ⚡⚡-W.-V. Hauptamt, Chef Amtsgruppe C | 1 011 855 | 113 619 | 26. 8. 01 | Oberf. | 1. 6. 41 |
| 513 | Dr. Böttcher Viktor, ❋ I ❋ ❋ St. Rat, Reg. Pr. | O | b. Stab RF ⚡⚡ | 3 396 391 | 276 162 | 20. 11. 80 | Kpt. Ltn. d. R. a. D. | 5. 6. 41 |
| 514 | Schwarzenberger Otto, ❋ II | ⚕ | Stabshauptamt R. f. d. F. d. V. | 1 930 298 | 156 808 | 22. 1. 00 | Obltn. d. R. | 18. 6. 41 |
| 515 | Klingemann Gottfried, ❋ I ❋ ❋ | ⚕ | Kdr. ⚡⚡-Brigade II | 817 565 | 290 318 | 28. 1. 84 | Oberf. d. R. | 21. 6. 41 |
| 516 | Dr. Blumenreuter Carl, ❋ I ❋ ❋ | ⚕ | ⚡⚡-San. Amt | 5 916 887 | 276 523 | 16. 11. 81 | Oberf. | 21. 6. 41 |
| 517 | Engelhardt Carl, ❋ Po. Pr. | | Reichssicherheitshauptamt | 57 366 | 393 319 | 29. 3. 01 | Ltn. d. R. | 21. 6. 41 |
| 518 | Dr. Bertsch Walter | | Reichssicherheitshauptamt | 2 341 107 | 314 169 | 4. 1. 00 | — | 1. 7. 41 |
| 519 | Möller Hinrich, ❋ II Po. D. | ⚕ | ⚡⚡-Pol. F. Reval | 113 298 | 5 741 | 20. 4. 06 | — | 1. 8. 41 |
| 520 | Fischer Bernhard, ❋ Po. D. | | Reichssicherheitshauptamt | 17 141 | 401 232 | 12. 1. 04 | — | 15. 8. 41 |
| 521 | Reich Otto, ❋ II ❋ ❋ ❋ | ⚕ | Kdr. ⚡⚡-Freiw. Rgt. Nordwest | 289 356 | 9 948 | 5. 12. 91 | Oberf. | 1. 9. 41 |
| 522 | Simon Max, ❋ II ❋ ❋ ❋ I ❋ | ⚕ | Kdr. ⚡⚡-T. I. R. 1 | 1 359 576 | 83 086 | 6. 1. 99 | Oberf. | 1. 9. 41 |
| 523 | Willich Helmut, ❋ I ❋ | ⚕ | Insp. Sich. P. u. SD Danzig | 733 220 | 36 783 | 2. 5. 95 | Oberst d. P. | 1. 9. 41 |
| 524 | Dr. Rothardt Bruno, ❋ I ❋ ❋ | ⚕ | ⚡⚡-San. Amt, kdrt. Dienststelle »Heissmeyer« | 430 880 | 276 754 | 21. 8. 91 | Oberf. | 1. 9. 41 |
| 525 | Hoffmann Karl, ❋ I ❋ ❋ II | | Insp. O. P. Kassel | 2 125 067 | 323 877 | 7. 8. 87 | char. Gen. Major d. P. | 12. 9. 41 |
| 526 | Jungclaus Richard, ❋ II | ⚕ | Stab Oa. Nordwest | 305 661 | 7 368 | 17. 3. 05 | Ostuf. d. R. | 1. 10. 41 |
| 527 | Gille Herbert, ❋ I ❋ ❋ T | ⚕ | Kdr. ⚡⚡-Rgt. Westland | 537 337 | 39 854 | 8. 3. 97 | Oberf. | 1. 10. 41 |
| 528 | von Scholz Fritz, ❋ ❋ ❋ ❋ I | ⚕ | Kdr. ⚡⚡-Rgt. Nordland | 1 304 071 | 135 638 | 9. 12. 96 | Oberf. | 1. 10. 41 |

| Lfde. Nr. | Name, Vorname | Degen/Ring | Dienststellung | Partei-Nr. | SS-Nr. | Geburts-datum | Führer- bzw. Offz.-Dienstgrad bei der Waffen-SS, Wehrmacht, Polizei | Oberführer |
|---|---|---|---|---|---|---|---|---|
| 529 | Ritter von Oberkamp Carl, ✠ I 🎖 ⚔ | ⊕ | Kdr. SS-Rgt. Germania | 1 928 904 | 310 306 | 30.10.93 | Oberf. | 1.10.41 |
| 530 | Hoffmeyer Horst, 🎖 II | O | Hauptamt Volksd. Mittelstelle | 5 480 793 | 314 948 | 29. 5.03 | Ustuf. d. R. | 4.10.41 |
| 531 | Dr. Trummler Hans, 🎖 🎖 ✠ II | ⊕ | Kdr. Grenzpol.Sch. Fürstenberg (Mark) | 73 599 | 254 581 | 24.10.00 | — | 9.11.41 |
| 532 | Dr. Mohr Eugen, ✠ I 🎖 | ⊕ | b. Stab Oa. Weichsel | 475 090 | 28 788 | 22. 6.96 | Ltn. d. R. a.D. | 9.11.41 |
| 533 | Dr. Hofmann Philipp, 🎖 🎖 | ⊕ | b. Stab RuS-Hauptamt | 5 036 | 275 151 | 2.10.02 | — | 9.11.41 |
| 534 | Dr. Heuckenkamp Rudolf, 🎖 | ⊕ | b. Stab Oa. Weichsel | 3 974 | 272 369 | 16.11.00 | — | 9.11.41 |
| 535 | Peper Heinrich, 🎖 M.d.R. | ⊕ | b. Stab Oa. Nordsee | 59 697 | 284 309 | 1. 7.02 | — | 9.11.41 |
| 536 | Dittjen Wilhelm, 🎖 ✠ II 🎖 ✠ II | ⊕ | Stab Oa. Ostsee | 29 417 | 28 023 | 6. 9.94 | Stubaf. d. R. | 9.11.41 |
| 537 | Dr. Six Franz | ⊕ | Reichssicherheitshauptamt, Chef Amt VII | 245 670 | 107 480 | 12. 8.09 | Ustuf. d. R. | 9.11.41 |
| 538 | Graf Grote Friedrich ✝ | ⊕ | RuS-Hauptamt, z. Zt. b. Reichskomm. Niederlande | 851 877 | 194 300 | 7.10.01 | — | 9.11.41 |
| 539 | Ballauff Werner, ✠ II 🎖 🎖 | ⊕ | b. m. F. SS-J. Sch. Braunschweig | 585 143 | 66 679 | 21. 9.90 | Oberf. | 9.11.41 |
| 540 | Ullmann Otto, ✠ II 🎖 🎖 | ⊕ | Stabsf. Pers. Stab RF SS | 357 322 | 276 658 | 21. 9.99 | Oberf. | 9.11.41 |
| 541 | Dr. Nockemann Hans ✝ | ⊕ | Reichssicherheitshauptamt, Chef Amt II | 1 107 551 | 264 225 | 16.11.03 | Oberst d. P. | 9.11.41 |
| 542 | Günther Wilhelm, ✠ II 🎖 🎖 | ⊕ | Insp. Sich. P. u. SD Kassel | 1 094 209 | 69 638 | 21. 4.99 | — | 9.11.41 |
| 543 | Dr. Fischer Hans, ✠ II | ⊕ | Befehlshaber Sich. P. u. SD Straßburg Els. u. Insp. Sich. P. u. SD Stuttgart | 1 187 881 | 29 627 | 21. 8.06 | Oberst d. P. | 9.11.41 |
| 544 | Dr. Kroeger Erhard, ✠ II M.d.R. | | Reichssicherheitshauptamt | — | 357 243 | 24. 3.05 | — | 9.11.41 |
| 545 | Huber Franz Josef | ⊕ | Insp. Sich. P. u. SD Wien | 4 583 151 | 107 099 | 22. 1.02 | — | 9.11.41 |
| 546 | Debes Lothar, ✠ I 🎖 🎖 | ⊕ | F. Verband »Debes« | 240 110 | 278 953 | 21. 6.90 | Oberf. | 9.11.41 |
| 547 | Ohlendorf Otto, 🎖 | ⊕ | Reichssicherheitshauptamt, Chef Amt III | 6 531 | 880 | 4. 2.07 | — | 9.11.41 |
| 548 | Schulz Erwin | ⊕ | Kdr. F. Sch. Sich.-P. u. SD Berlin-Charlottenburg | 2 902 238 | 107 484 | 27.11.00 | Oberst d. P. | 9.11.41 |
| 549 | Creutz Rudolf, ✠ I 🎖 | ⊕ | kdrt. Stabs-Hauptamt R.f.d.F.d.V. | 2 367 675 | 77 813 | 6. 4.96 | Oberf. | 9.11.41 |
| 550 | Dr. Harster Wilhelm | ⊕ | Befehlshaber Sich. P. u. SD Niederlande | 3 226 954 | 225 932 | 21. 7.04 | Oberst d. P. | 9.11.41 |

| Lfde. Nr. | Name, Vorname | Degen/Ring | Dienststellung | Partei-Nr. | SS-Nr. | Geburts-datum | Führer- bzw. Offz.-Dienstgrad bei der Waffen-SS, Wehrmacht, Polizei | Ober-führer |
|---|---|---|---|---|---|---|---|---|
| 551 | Dr. Krieger Rudolf, ✠ I ⊙ ⊙ ⊙ † | | SS-Kriegsgesch.-Forschg. Abt. | 1 506 919 | 276 818 | 31. 7. 83 | Oberf. | 9. 11. 41 |
| 552 | Klein Georg, ✠ II ⊙ ⊙ II | ⊙ | Insp. Sich. P. u. SD Dresden | 4 583 162 | 107 200 | 2. 9. 95 | Ltn. d. R. a. D. | 9. 11. 41 |
| 553 | Schroers Johannes, ✠ I ⊙ ⊙ | | b. Stab Ab. XIV, z. Zt. komm. Po. Pr. Bremen | 1 265 379 | 323 766 | 7. 1. 85 | char. Gen. Major d. P. | 9. 12. 41 |
| 554 | Will Paul, ✠ I ⊙ ⊙ | | Insp. O. P. Nürnberg | 5 629 837 | 323 870 | 16. 8. 88 | char. Gen. Major d. P. | 9. 12. 41 |
| 555 | Winkelmann Otto, ✠ I ⊙ ⊙ ⊙ | ⊙ | Stab O. P. Berlin | 1 373 131 | 308 238 | 4. 9. 91 | char. Gen. Major d. P. | 9. 12. 41 |
| 556 | Hartmann Ernst, ✠ II ⊙ | ⊙ | b. Stab Oa. Mitte | 160 298 | 8 982 | 10. 5. 97 | — | 30. 1. 42 |
| 557 | Schlums Friedrich, ✠ I ⊙ ⊙ ⊙ | ⊙ | F. Ab. VII | 428 276 | 9 593 | 26. 1. 92 | Ltn. d. R. a. D. | 30. 1. 42 |
| 558 | Dr. Veesenmayer Edmund | ⊙ | b. Stab RF SS | 873 780 | 202 122 | 12. 11. 04 | — | 30. 1. 42 |
| 559 | Schwarz Franz | ⊙ | b. Stab SS-W.-V.-Hauptamt | 680 364 | 54 933 | 17. 5. 99 | — | 30. 1. 42 |
| 560 | Dr. Woermann Ernst, ✠ I ⊙ ⊙ ⊙ St. Sek. | ⚔ | b. Stab RF SS | 4 789 453 | 293 540 | 30. 3. 88 | Obltn. d. R. a. D. | 30. 1. 42 |
| 561 | Dr. Dadieu Armin | ⊙ | b. Stab Ab. XXXV | — | 292 783 | 20. 8. 01 | — | 30. 1. 42 |
| 562 | Kranefuß Fritz | ⊙ | Pers. Stab RF SS | 964 992 | 53 092 | 19. 10. 00 | Ustuf. d. R. | 30. 1. 42 |
| 563 | Scheider Hans, ✠ I ⊙ | ⊙ | Kdr. SS-I. R. 6 | 4 137 228 | 256 095 | 1. 5. 89 | Oberf. | 30. 1. 42 |
| 564 | Frhr. Spiegel von und zu Peckelsheim Edgar, ✠ I ⊙ ⊙ | ⚔ | b. Stab RF SS | 348 182 | 277 322 | 9. 10. 85 | Kpt. Ltn. a. D. | 30. 1. 42 |
| 565 | Dr. Mühlmann Cajetan, ⊙ ⊙ St. Sek. | ⊙ | b. Stab Oa. Donau | — | 309 791 | 26. 6. 98 | Ltn. d. R. a. D. | 30. 1. 42 |
| 566 | Hülsenkamp Fritz, ✠ I | ⊙ | b. Stab Chef Fernmeldewesen | 1 771 310 | 231 440 | 20. 7. 86 | Obltn. d. R. a. D. | 30. 1. 42 |
| 567 | Werlin Jakob, ⊙ ⊙ | ⚔ | b. Stab RF SS | 3 208 977 | 266 883 | 10. 5. 86 | — | 30. 1. 42 |
| 568 | Dr. Porsche Ferdinand | | b. Stab Oa. Südwest | 5 643 287 | — | 3. 9. 75 | — | 30. 1. 42 |
| 569 | Prof. Dr. Meyer Konrad | ⊙ | Stabshauptamt R. f. d. F. d. V. | 908 471 | 74 695 | 15. 5. 01 | — | 30. 1. 42 |
| 569a | Ellersiek Kurt | ⊙ | Viceinsp. Napola | 218 341 | 275 719 | 5. 4. 01 | Ostuf. d. R. | 30. 1. 42 |
| 570 | Prof. Dr. Gerlach Werner, ✠ I ⊙ ⊙ ⊙ | ⊙ | Pers. Stab RF SS | 1 780 666 | 279 438 | 4. 9. 91 | Ass. Arzt d. R. | 30. 1. 42 |

## ⚡⚡-Standartenführer:

| Lfde. Nr. | Name, Vorname | Degen/Ring | Dienststellung | Partei-Nr. | ⚡⚡-Nr. | Geburtsdatum | Führer- bzw. Offz.-Dienstgrad bei der Waffen-⚡⚡, Wehrmacht, Polizei | Standartenführer |
|---|---|---|---|---|---|---|---|---|
| 571 | Hinsch Hans | | b. Höh. ⚡⚡-Pol. F. Spree | 156 426 | 4 745 | 21. 3.01 | Major d. Sch. P. | 24. 3.32 |
| 572 | Einspenner Richard, ✠ I ◉ | | z. Zt. Kdr. I/⚡⚡-Art. Ers. Rgt. | 139 226 | 12 817 | 25. 9.91 | Stubaf. d. R. | 22. 7.32 |
| 573 | Schier Berthold, ✠ I | | b. Stab Ab. III | 561 185 | 13 835 | 29.11.87 | — | 26. 7.32 |
| 574 | Herbert Willy, ◉ | | F. 58. Sta. | **43 222** | 1 031 | 28. 5.04 | — | 29. 7.32 |
| 575 | Maier Johann, ◉ ✠ I ◉ ◉ | | b. Stab Ab. I | 122 119 | 2 292 | 21. 5.89 | — | 9.11.33 |
| 576 | Humps Max, ◉ ✠ II ◉ ◉ | | Reichssicherheitshauptamt | 787 049 | 29 515 | 4.12.91 | Obltn. d. R. a. D. | 30. 1.34 |
| 577 | Reck Wilhelm, ◉ ✠ II | | b. Stab ⚡⚡-Hauptamt | **88 632** | 1 422 | 19. 3.88 | Ltn. d. R. a.D. | 30. 1.34 |
| 578 | Zahn Konrad, ✠ I ◉ ◉ | | Stammabt. 32 | 245 481 | 1 868 | 6. 4.91 | Hstuf. d. R. | 15. 2.34 |
| 579 | Gnade Albert, ◉ ✠ II ◉ ◉ | | b. Stab Ab. IV | **2 798** | 13 983 | 25. 1.86 | Ltn. a. D. | 1. 3.34 |
| 580 | Pelz Horst, ◉ ✠ I ◉ ◉ | | b. Stab Ab. VII | **63 081** | 12 211 | 3. 7.95 | Obltn. d. R. a. D. | 21. 3.34 |
| 581 | Heitz Georg, ✠ I ◉ | | b. Stab Ab. XXXXV | 333 628 | 4 436 | 18. 5.95 | Obltn. d. R. | 20. 4.34 |
| 582 | Müller Alfred, ◉ ◉ | | b. Stab Oa. Süd | 1 274 660 | 3 128 | 16. 3.01 | Hstuf. (S) | 20. 4.34 |
| 583 | Dr. Scholz Herbert | | b. Stab ⚡⚡-Hauptamt | 1 200 857 | 70 360 | 29. 1.06 | — | 20. 4.34 |
| 584 | Dr. Hausamen Fritz, ✠ II ◉ ◉ ◉ | | b. Stab Ab. XIX | 308 914 | 8 583 | 7. 4.86 | Stabsvet. d. R. | 20. 4.34 |
| 585 | Frhr. von Reitzenstein Friedrich, ◉ ◉ ✠ I ◉ | | b. Stab Ab. I | **89 052** | 1 643 | 29.11.88 | Hptm. d. R. a. D. | 20. 4.34 |
| 586 | Meyer Fritz, ◉ Po. D. | | Reichssicherheitshauptamt | **33 146** | 3 196 | 26. 4.00 | Ltn. d. R. | 20. 4.34 |
| 587 | von Woedtke Alexander, ✠ II ◉ Po. Pr. | | b. Stab Oa. Südost | 294 710 | 11 629 | 2. 9.89 | Hptm. d. R. a. D. | 26. 5.34 |
| 588 | Schwartzkopff Reinhard, ✠ I ◉ | | Stammabt. 45 | 390 899 | 6 016 | 6. 5.95 | Rittm. d. R. | 27. 5.34 |
| 589 | Weickert Paul, ◉ ◉ ✠ II | ○ | Stammabt. 6 | **29 063** | 1 152 | 1.11.98 | — | 30. 8.34 |
| 590 | Mozek Heinz, ◉ ◉ ✠ II | | F. 80. Sta. | **25 502** | 2 954 | 10. 9.01 | — | 9. 9.34 |
| 591 | Magnus Axel, ✠ I ◉ | | b. Stab ⚡⚡-Hauptamt | *5 389 265* | 175 036 | 26.11.92 | Major a. D. | 9. 9.34 |
| 592 | Schwahn Erich, ✠ I ◉ | | b. Stab ⚡⚡-Hauptamt | *4 831 190* | 236 410 | 28. 6.77 | Oberst d. P. a. D. | 27.11.34 |
| 593 | Schultz von Dratzig Rudolf, ✠ I ◉ ◉ L. Rat | | Reichssicherheitshauptamt | 162 436 | 12 332 | 15. 7.97 | Hptm. d. R. | 19. 1.35 |
| 594 | Schön Willy, ◉ ✠ II ◉ | | Stammabt. 7 | **18 360** | 182 | 2. 3.94 | — | 20. 4.35 |
| 595 | Dietrich Hans, ◉ ◉ ✠ II ◉ M.d.R. | | b. Stab ⚡⚡-Hauptamt | **8 454** | 3 397 | 19. 9.98 | — | 20. 4.35 |
| 596 | Gunst Walter, ◉ | | z. Zt. beurlaubt | **21 855** | 26 782 | 23. 2.00 | — | 20. 4.35 |
| 597 | Schulz Helmut, ✠ II | | Kdr. III/⚡⚡-Deutschland | 266 250 | 3 798 | 15. 4.11 | Stubaf. | 16. 6.35 |
| 598 | Voss Oskar, ✠ I ◉ ◉ | | Stammabt. 6 | 231 889 | 2 618 | 26.12.83 | Hstuf. d. R. | 2. 7.35 |
| 599 | Schmidt Bernhard, ◉ ✠ I ◉ | | b. Stab Ab. XIV | **14 699** | 2 069 | 18. 4.90 | — | 15. 9.35 |
| 600 | d'Angelo Karl, ◉ ✠ II ◉ Po. D. | | Reichssicherheitshauptamt | **21 616** | 2 058 | 9. 9.90 | — | 15. 9.35 |
| 601 | Pögel Werner | | b. Stab Ab. XXXIX | 176 702 | 2 300 | 10.10.04 | — | 15. 9.35 |
| 602 | Richardt Willi, ✠ II ◉ ◉ ◉ | | Insp. Stammabt. Ostsee | 247 153 | 5 133 | 6. 8.95 | — | 15. 9.35 |

| Lfde. Nr. | Name, Vorname | Degen/Ring | Dienststellung | Partei-Nr. | ⚡-Nr. | Geburts-datum | Führer- bzw. Offz.-Dienstgrad bei der Waffen-⚡, Wehrmacht, Polizei | Standartenführer |
|---|---|---|---|---|---|---|---|---|
| 603 | Thyson Wilhelm, ✠ I ⬢ ⬢ ⬢ | ⬢ | b. Stab Oa. Süd | 246 104 | 21 132 | 20. 3. 97 | Hptm. d. R. | 15. 9. 35 |
| 604 | Rattenhuber Hans, ✠ I ⬢ ⬢ | ⬢ | Stab RF ⚡, F.RSD | 3 212 449 | 52 877 | 30. 4. 97 | Oberst d. P. | 15. 9. 35 |
| 605 | Schuberth Fritz, ⬢ ✠ II ⬢ M. d. R. | ⬢ | b. Stab Ab. XXVIII | 5 526 | 260 750 | 28. 7. 97 | — | 15. 9. 35 |
| 606 | Dernehl Friedrich, ✠ I ⬢ ⬢ | ⬢ | F. 43. Sta. | 114 792 | 1 297 | 28. 11. 07 | Ltn. d. R. | 9. 11. 35 |
| 607 | Stiebler Heinz | ⬢ | F. 40. Sta. | 152 145 | 2 666 | 12. 10. 04 | Ustuf. d. R. | 30. 1. 36 |
| 608 | Scholz Alfred, ⬢ ✠ II | ⬢ | Erg. Amt W. ⚡ | 332 145 | 6 013 | 24. 2. 93 | Stubaf. | 30. 1. 36 |
| 609 | Hebron Bruno, ✠ II ⬢ | ⬢ | Stabsf. Ab. XV | 724 501 | 41 519 | 12. 1. 97 | Hstuf. d. R. | 30. 1. 36 |
| 610 | Dressler Arno, ✠ II ⬢ ⬢ | ⬢ | F. 46. Sta. | 401 639 | 5 945 | 22. 7. 94 | Obltn. d. R. | 30. 1. 36 |
| 611 | Schmauser Hermann, ✠ I ⬢ ⬢ ⬢ Pö. Pr. | ⬢ | Reichssicherheitshauptamt | 589 060 | 245 623 | 15. 8. 93 | Obltn. d. R. a. D. | 20. 2. 36 |
| 612 | Nostitz Paul, ✠ I ⬢ ⬢ ⬢ | ⬢ | Kdr. ⚡-Tr.Üb.Pl. Debica | 458 596 | 32 617 | 25. 3. 92 | Staf. | 20. 4. 36 |
| 613 | Potzelt Walter, ✠ II | ⬢ | Reichssicherheitshauptamt | 266 433 | 3 838 | 16. 7. 03 | Ustuf. d. R. | 20. 4. 36 |
| 614 | Sawatzki Heinz, ✠ I ⬢ | ⬢ | F. 78. Sta. | 189 633 | 6 000 | 6. 2. 04 | Ltn. d. R. | 20. 4. 36 |
| 615 | Schmischke Horst, ✠ II ⬢ ✠ II | ⬢ | Stabsf. Ab. XXVII | 291 073 | 6 437 | 26. 9. 97 | — | 20. 4. 36 |
| 616 | Bonnet Hans | ⬢ | RuS-Hauptamt | 330 107 | 276 293 | 28. 3. 02 | — | 20. 4. 36 |
| 617 | Schulze Roland, ✠ II | ⬢ | b. Stab RuS-Hauptamt | 409 253 | 87 880 | 16. 11. 98 | — | 14. 5. 36 |
| 618 | Engler-Füsslin Fritz, ✠ II ⬢ ⬢ ⬢ M. d. R. | ⬢ | RuS-Hauptamt | 473 494 | 275 979 | 15. 9. 91 | Ltn. d. R. a. D. | 14. 5. 36 |
| 619 | Vetter Karl, ✠ II ⬢ ⬢ ⬢ ⬢ M. d. R. | ⬢ | b. Stab RuS-Hauptamt | 177 063 | 239 794 | 15. 4. 95 | Hptm. d. R. | 14. 5. 36 |
| 620 | Schoerner Albrecht, ⬢ ✠ II ⬢ ⬢ | ⬢ | b. Stab Ab. I | 95 015 | 167 112 | 22. 7. 99 | — | 1. 6. 36 |
| 621 | Füss Simon, ⬢ ⬢ ⬢ ⬢ ✠ II | ⬢ | Insp. Stammabt. Süd | 72 008 | 1 700 | 17. 1. 00 | Hstuf. d. R. | 13. 9. 36 |
| 622 | Gehrhardt Friedrich, ⬢ ✠ II ✠ II | ⬢ | Stabsf. Oa. Warthe | 133 421 | 2 443 | 15. 3. 00 | — | 13. 9. 36 |
| 623 | Nägele Josef | ⬢ | F. 62. Sta. | 390 151 | 3 887 | 23. 3. 06 | — | 13. 9. 36 |
| 624 | Slipek Theodor, ⬢ ⬢ ⬢ ⬢ II | ⬢ | Stab Oa. Alpenland | 92 368 | 2 357 | 18. 9. 93 | Stubaf. d. R. | 13. 9. 36 |
| 625 | Laue Theodor, ✠ II ⬢ ⬢ | ⬢ | b. Stab Ab. XIV | 383 662 | 246 888 | 1. 3. 93 | Obltn. d. R. | 13. 9. 36 |
| 626 | Zittel Theodor | ⬢ | F. 56. Sta. | 143 162 | 5 280 | 29. 10. 00 | Ltn. d. R. | 13. 9. 36 |
| 627 | Graf Alfons, ⬢ ⬢ ✠ II | ⬢ | Stabsf. Ab. XIX | 378 777 | 4 863 | 12. 12. 99 | — | 13. 9. 36 |
| 628 | Asmus Wilhelm, ⬢ ⬢ | ⬢ | F. 123. Sta. | 140 300 | 88 949 | 25. 10. 98 | — | 13. 9. 36 |
| 629 | Frhr. von Eltz-Rübenach Kuno, ⬢ ✠ II M. d. R. | ⬢ | RuS-Hauptamt | 92 775 | 276 592 | 20. 11. 04 | Ostuf. d. R. | 13. 9. 36 |
| 630 | Prof. Dr. Holfelder Hans, ✠ I ⬢ ⬢ | ⬢ | F. ⚡-Röntgensturmbann | 1 592 030 | 101 658 | 22. 4. 91 | Staf. d. R. | 13. 9. 36 |
| 631 | Jakober August, ✠ II ⬢ | ⬢ | b. Stab Ab. XXVII | 477 358 | 5 254 | 1. 1. 98 | — | 9. 11. 36 |
| 632 | Fanslau Heinz, ✠ I | ⬢ | ⚡-W.-V. Hauptamt | 581 867 | 13 200 | 6. 6. 09 | Staf. | 9. 11. 36 |
| 633 | Burkhart Johann, ⬢ ⬢ | ⬢ | F. 96. Sta. | 89 511 | 1 704 | 18. 8. 01 | Hstuf. d. R. | 9. 11. 36 |
| 634 | Hartenstein Eugen | ⬢ | b. Stab Ab. XXVIII | 2 327 456 | 241 901 | 3. 3. 01 | — | 9. 11. 36 |
| 635 | Barth Fritz, ⬢ ✠ II ⬢ ⬢ ⬢ | ⬢ | b. Stab Ab. I | 545 111 | 278 242 | 17. 5. 00 | Hptm. d. R. | 24. 12. 36 |
| 636 | Belbe Max, ✠ II ⬢ ⬢ | ⬢ | b. Stab RuS-Hauptamt | 175 267 | 12 171 | 13. 6. 88 | Obltn. d. R. a. D. | 30. 1. 37 |
| 637 | Dethof Hermann, ✠ II | ⬢ | Stabsf. Oa. Weichsel | 151 880 | 1 926 | 9. 7. 08 | Ustuf. d. R. | 30. 1. 37 |
| 638 | Dr. Pokahr Willi, ✠ II ⬢ | ⬢ | Oa. Arzt Nordost | 1 360 521 | 45 920 | 26. 5. 87 | Stabsarzt d.R. | 30. 1. 37 |
| 639 | Dr. Hallermann August, ✠ II ⬢ M. d. R. | ⬢ | b. Stab Ab. XVIII | 139 024 | 218 836 | 10. 10. 96 | — | 30. 1. 37 |
| 640 | Brantenaar Paul, ⬢ | ⬢ | ⚡-W.-V. Hauptamt | 1 256 725 | 64 462 | 9. 10. 92 | — | 30. 1. 37 |

| Lfde. Nr. | Name, Vorname | Degen/Ring | Dienststellung | Partei-Nr. | SS-Nr. | Geburts-datum | Führer- bzw. Offz.-Dienstgrad bei der Waffen-SS, Wehrmacht, Polizei | Standarten-führer |
|---|---|---|---|---|---|---|---|---|
| 641 | d'Alquen Gunter, | | Reichssicherheitshauptamt | **66 689** | 8 452 | 24.10.10 | Stubaf. d. R. | 30. 1.37 |
| 642 | Groeneveld Jaques, II M. d. R. | | RuS-Hauptamt | 349 394 | 222 053 | 6. 7.92 | — | 30. 1.37 |
| 643 | Knapp Viktor, I | | SS-Führg. Hauptamt | **20 815** | 31 411 | 10. 1.97 | Staf. | 30. 1.37 |
| 644 | Bettenhäuser Willi, I | | z. Zt. Kdr. SS-I. E. Batl. Germania | 603 312 | 14 011 | 16. 9.88 | Stubaf. d. R. | 30. 1.37 |
| 645 | Habbes Wilhelm, II M. d. R. | | b. Stab Ab. XXV | 754 644 | 276 589 | 13. 3.96 | Ltn. d. R. a. D. | 30. 1.37 |
| 646 | Dr. Müller Gustav Adolf, | | Stammabt. 35 | **9 254** | 2 985 | 15.10.87 | — | 20. 4.37 |
| 647 | Edler von Daniels Herbert, I | | b. Stab Oa. Ostsee | — | 258 002 | 31. 3.95 | Obltn. d. R. | 20. 4.37 |
| 648 | Thumser Hans, II | | F. 63. Sta. | 695 457 | 17 379 | 18.10.96 | Obltn. d. R. | 20. 4.37 |
| 649 | Kuchenbaecker Fritz | | Stab Oa. Nordsee | 101 367 | 1 924 | 26. 5.05 | Stubaf. d. R. | 20. 4.37 |
| 650 | Engelhardt Ernst, I | | F. 54. Sta. | 103 208 | 52 655 | 31. 7.90 | — | 20. 4.37 |
| 651 | Tschentscher Erwin, II | | Stab Oa. Fulda-Werra | 102 549 | 2 447 | 11. 2.03 | Stubaf. d. R. | 20. 4.37 |
| 652 | Janowsky Wilhelm | | b. Stab RuS-Hauptamt | 127 234 | 3 828 | 5. 8.05 | — | 20. 4.37 |
| 653 | Seemann Karl, M. d. R. | | RuS-Hauptamt | 750 115 | 276 582 | 6. 4.86 | — | 20. 4.37 |
| 654 | Buchmann Erich, I | | F. 1. Sta. | 334 035 | 5 118 | 23. 5.96 | Stubaf. d. R. | 20. 4.37 |
| 655 | Lehmann Otto, I M.d.R. | | RuS-Hauptamt | 388 437 | 276 160 | 21. 3.92 | Obltn.d.R.a.D. | 20. 4.37 |
| 656 | Reinhard Max, I | | b. Stab Oa. Süd | **89 072** | 279 722 | 1. 7.96 | Ltn. d. R. a. D. | 20. 4.37 |
| 657 | Lassak Julius, | | Stammabt. 68 | **14 104** | 180 | 28. 5.87 | — | 5. 6.37 |
| 658 | Scharf Norbert, II | | F. 39. Sta. | **67 694** | 2 473 | 7. 1.01 | Ostuf. d. R. | 1. 7.37 |
| 659 | Fegelein Hermann | | Kdr. SS-Kav. Brigade | 1 200 158 | 66 680 | 30.10.06 | Ostubaf. d. R. | 25. 7.37 |
| 660 | von Woikowski-Biedau Wilhelm, I | | F. 9. R. Sta. | 1 497 037 | 187 128 | 22. 3.88 | Major d. R. | 25. 7.37 |
| 661 | Plaichinger Julius, | | b. Stab SS-Hauptamt | 1 665 183 | 36 141 | 2. 1.92 | Major a. D. | 12. 9.37 |
| 662 | Dr. Baumgart Hermann, I | | Stab Ab. III | 655 867 | 19 157 | 9. 4.86 | Stabsarzt d. R. | 12. 9.37 |
| 663 | Rach Bruno, II | | SS-Führg. Hauptamt | **39 254** | 1 400 | 3. 6.00 | Hstuf. | 12. 9.37 |
| 664 | Koch Karl-Otto, II | | Kdr. Gef. L. Lublin | 475 586 | 14 830 | 2. 8.97 | Staf. | 12. 9.37 |
| 665 | Knecht Max, I | | b. Stab Ab. XXIX | — | 279 462 | 6. 4.74 | Oberstltn. z.V. | 12. 9.37 |
| 666 | Steinbrink Friedrich, | | F. 51. Sta. | 173 082 | 3 597 | 14.12.99 | Ltn. d. R. | 9.11.37 |
| 667 | Schellin Erich, II | | Stab Oa. Südost | 516 092 | 13 208 | 16.10.92 | Ostubaf. d. R. | 9.11.37 |
| 668 | Raddatz Karl, | | Stabsf. Oa. West | 728 156 | 16 040 | 31. 1.02 | Ustuf. d. R. | 9.11.37 |
| 669 | Goecke Wilhelm, I St. Rat | | F. 88. Sta. | 335 455 | 21 529 | 12. 2.98 | Ostubaf. d. R. | 9.11.37 |
| 670 | von Wiese und Kaiserswaldau Walther, I | | b. Stab SS-Hauptamt | *2 504 018* | 276 330 | 12. 2.79 | Major a. D. | 9.11.37 |
| 671 | Noatzke Gerhard, | | b. Stab SS-Hauptamt | **55 107** | 289 224 | 21. 8.05 | Hstuf. d. R. | 9.11.37 |
| 672 | Beck Alois, II | | Reichssicherheitshauptamt | 110 916 | 16 213 | 17. 5.94 | Hptm. d. R. | 30. 1.38 |
| 673 | Kloock Ernst, II | | b. Stab SS-Hauptamt | 398 490 | 20 307 | 31.10.97 | — | 30. 1.38 |
| 674 | Tschimpke Erich, I | | Kdo. Stab RF SS | 1 191 365 | 40 065 | 11. 3.98 | Staf. | 30. 1.38 |
| 675 | Gerner Heinrich, II | | F. 70. Sta. | 571 813 | 7 271 | 6. 1.99 | Obltn. d. R. | 30. 1.38 |
| 676 | Dr. Pfannenschwarz Karl | | b. Stab Oa. Südwest | 508 908 | 55 190 | 13. 7.01 | — | 30. 1.38 |
| 677 | Ketterl Hans, II | | SS-W.-V. Hauptamt | 228 746 | 23 080 | 20.12.87 | Stubaf. | 30. 1.38 |

| Lfde. Nr. | Name, Vorname | Degen/Ring | Dienststellung | Partei-Nr. | SS-Nr. | Geburts-datum | Führer- bzw.Offz.-Dienstgrad bei der Waffen-SS, Wehrmacht, Polizei | Standarten-führer |
|---|---|---|---|---|---|---|---|---|
| 678 | Dr. Staudinger Wilhelm, ⊕ | ⊕ | b. Stab RuS-Hauptamt | 108 007 | 268 365 | 4. 12. 02 | — | 30. 1. 38 |
| 679 | Fleischmann Willibald, ✠ II ⊕ ⊕ ⊕ | ⊕ | F. 34. Sta. | 410 181 | 6 051 | 19. 9. 98 | Ltn. d. R. | 30. 1. 38 |
| 680 | Dahm Paul, ⊕ ⊕ II M. d. R. | ⊕ | z. Zt. L. Erg. Nord | 25 343 | 5 792 | 6. 6. 04 | Stubaf. d. R. | 30. 1. 38 |
| 681 | von Alvensleben Ludolf, ✠ II | ⊕ | b. SS-Personal-hauptamt | 1 313 391 | 52 195 | 9. 8. 99 | Ltn. d. R. | 30. 1. 38 |
| 682 | Frhr. von Pechmann Albrecht, ✠ I ⊕ ⊕ | ⊕ | b. Stab Ab. I | 5 354 456 | 279 976 | 11. 7. 79 | Oberst z. V. | 30. 1. 38 |
| 683 | Brunner Eugen, ✠ I ⊕ ⊕ | ⊕ | b. Stab Oa. Main | 2 617 914 | 279 463 | 11. 12. 88 | Major d. R. | 30. 1. 38 |
| 684 | Jungnickel Walter, ✠ I ⊕ ⊕ | ⊕ | b. Stab Oa. Elbe | 2 457 686 | 289 685 | 17. 6. 78 | Oberstltn. z.V. | 30. 1. 38 |
| 685 | Spacil Josef | ⊕ | b. Höh. SS-Pol. F. Rußland-Süd | 1 200 941 | 6 797 | 3. 1. 07 | Stubaf. d. R. | 12. 3. 38 |
| 686 | Christoph Edmund, M. d. R. | ⊕ | b. Stab Ab. XXXVI | 6 181 613 | 292 793 | 25. 2. 01 | — | 12. 3. 38 |
| 687 | Burmann Heinrich, ⊕ ⊕ ⊕ | ⊕ | b. Stab SS-Hauptamt | 19 810 | 3 537 | 21. 2. 90 | — | 20. 4. 38 |
| 688 | Dr. Brohmann Joachim, ✠ I ⊕ ⊕ ⊕ | ⊕ | b. Stab SS-Hauptamt | 145 968 | 4 986 | 30. 1. 96 | Stabsvet. d. R. | 20. 4. 38 |
| 689 | Florstedt Hermann, ✠ II | ⊕ | F. 35. Sta. | 488 573 | 8 660 | 18. 2. 95 | Hstuf. d. R. | 20. 4. 38 |
| 690 | Schmidt Felix, ⊕ ⊕ | ⊕ | Reichssicherheits-hauptamt | 85 481 | 36 240 | 17. 6. 01 | — | 20. 4. 38 |
| 691 | Kubat Kurt, ⊕ ✠ I ⊕ ⊕ ✠ II | ⊕ | F. 5. Sta. | 80 542 | 18 540 | 28. 9. 90 | Hptm. d. R. | 20. 4. 38 |
| 692 | Walter Paul, ⊕ | ⊕ | b. Stab SS-Hauptamt | 48 433 | 276 699 | 20. 10. 99 | — | 20. 4. 38 |
| 693 | Böttger Max, ✠ II ⊕ ⊕ | ⊕ | b. Stab SS-Hauptamt | 573 196 | 53 643 | 12. 11. 93 | Ltn. d. R. a. D. | 20. 4. 38 |
| 694 | Frentzel Karl, ⊕ ⊕ ✠ II ⊕ ⊕ ⊕ | ⊕ | b. SS-W.-V. Hauptamt | 25 007 | 144 993 | 13. 3. 98 | Hptm. d. R. | 20. 4. 38 |
| 695 | Schweitzer Hans, ⊕ | ⊕ | b. Stab SS-Hauptamt | 27 148 | 251 792 | 25. 7. 01 | — | 20. 4. 38 |
| 696 | Lurker Otto, ✠ I ⊕ ⊕ ⊕ | ⊕ | Reichssicherheits-hauptamt | 125 205 | 3 768 | 28. 7. 96 | — | 20. 4. 38 |
| 697 | Richter Joachim, ✠ I ⊕ | ⊕ | z. Zt. Kdr. II/Art. SS-Div. Wiking | 3 553 548 | 56 182 | 28. 7. 96 | Stubaf. d. R. | 20. 4. 38 |
| 698 | Dr. Resenberg Karl | ⊕ | b. Stab SS-Hauptamt | 775 446 | 293 729 | 12. 1. 00 | — | 20. 4. 38 |
| 699 | Bernhardt Johannes, ✠ II ⊕ | ⊕ | b. Stab SS-Hauptamt | 1 572 819 | 291 300 | 1. 1. 97 | Ltn. d. R. a. D. | 20. 4. 38 |
| 700 | Dr. Fuchs Wilhelm, ✠ II ⊕ ⊕ | ⊕ | Insp. Sich. P. u. SD. Braunschw. | 1 038 061 | 62 760 | 1. 9. 98 | Oberst d. P. | 20. 4. 38 |
| 701 | Schultz Karl, ⊕ M. d. R. | ⊕ | b. Stab SS-Hauptamt | 36 885 | 293 719 | 6. 7. 02 | — | 20. 4. 38 |
| 702 | Schröder Fritz, ✠ II ⊕ | ⊕ | b. Stab RuS-Hauptamt | 394 238 | 8 455 | 6. 11. 07 | — | 13. 5. 38 |
| 703 | Baur Wilhelm, ⊕ ⊕ ⊕ | ⊕ | b. Stab SS-Hauptamt | 51 | 293 750 | 17. 4. 05 | — | 1. 6. 38 |
| 704 | Dr. Nigler Anton, ⊕ ⊕ ⊕ | ⊕ | b. SS-Personal-hauptamt | 31 807 | 309 053 | 9. 5. 93 | Obltn. d. R. a. D. | 1. 7. 38 |
| 705 | Dr. Lossen Oscar, ✠ I ⊕ ⊕ ⊕ | ⊕ | b. Stab Ab. XVII | — | 309 503 | 17. 6. 87 | Oberst d. Gend. | 1. 7. 38 |
| 706 | Glaß Fridolin | ⊕ | b. Stab Ab. XXXI | 440 452 | 155 767 | 14. 12. 10 | — | 25. 7. 38 |
| 707 | Dr. Plattner Friedrich, ⊕ St. Sek. | ⊕ | Reichssicherheits-hauptamt | 1 601 804 | 308 218 | 1. 9. 96 | Ass. Arzt d. R. | 25. 7. 38 |

| Lfde. Nr. | Name, Vorname | Degen/Ring | Dienststellung | Partei-Nr. | SS-Nr. | Geburtsdatum | Führer- bzw. Offz.-Dienstgrad bei der Waffen-SS, Wehrmacht, Polizei | Standartenführer |
|---|---|---|---|---|---|---|---|---|
| 708 | Richter Franz, ⬤ ⬤ M. d. R. | ⊕ | b. Stab Oa. Donau | 360 417 | 310 319 | 10. 7. 05 | — | 28. 8. 38 |
| 709 | Kuhn Paul | ⊕ | F. 75. Sta. | 188 997 | 2 385 | 11. 11. 00 | — | 11. 9. 38 |
| 710 | Theuermann Arved | ⊕ | Pers. Stab RF SS | 273 509 | 273 804 | 4. 8. 92 | Ostubaf. d. R. | 11. 9. 38 |
| 711 | Boeß Walther, ✠ I ⬤ ⬤ ⬤ | ⊕ | b. Stab RuS-Hauptamt | *4 363 024* | 191 552 | 14. 11. 84 | Major a. D. | 11. 9. 38 |
| 712 | Giebeler Erich, ✠ I ⬤ ⬤ ⬤ ✠ II | ⊕ | SS-Führg. Hauptamt | *3 517 761* | 267 080 | 17. 9. 84 | Staf. | 11. 9. 38 |
| 713 | Ebenböck Fritz, ⬤ | ⊕ | b. Stab RuS-Hauptamt | **45 004** | 277 285 | 8. 3. 01 | — | 11. 9. 38 |
| 714 | Schnebel Otto, ✠ I ⬤ ⬤ ⬤ | ⊕ | b. Stab Oa. Spree | 952 787 | 50 497 | 20. 11. 86 | Stubaf. (S) | 11. 9. 38 |
| 715 | Schulpig Hans, ✠ II ⬤ | ⊕ | z. Zt. Hauptfürs. Vers. Amt | 221 747 | 22 923 | 18. 6. 92 | Ostubaf. d. R. | 11. 9. 38 |
| 716 | Knellessen Martin | ⊕ | F. 61. Sta. | 490 198 | 6 923 | 24. 8. 06 | Ostuf. d. R. | 11. 9. 38 |
| 717 | Heldman Constantin, ✠ II ⬤ ⬤ ⬤ | ⊕ | z. Zt. Kdr. I/Art. SS-Div. Nord | 502 132 | 59 138 | 7. 3. 93 | Stubaf. d. R. | 11. 9. 38 |
| 718 | Bösel Rudolf | ⊕ | Stabsf. Oa. Nordost | 152 756 | 3 857 | 7. 11. 05 | Ostuf. d. R. | 11. 9. 38 |
| 719 | Zehring Arno, ✠ II ⬤ | ⊕ | b. Stab Oa. Mitte | 596 212 | 19 210 | 10. 4. 94 | Obltn. d. R. | 11. 9. 38 |
| 720 | Eggerdinger Max, ⬤ ⬤ ⬤ | ⊕ | Reichssicherheitshauptamt | **14 463** | 280 332 | 6. 5. 03 | — | 11. 9. 38 |
| 721 | Prof. Dr. Schittenhelm Alfred, ✠ I ⬤ ⬤ | ⊕ | b. SS-Personalhauptamt | *2 732 711* | 259 429 | 16. 10. 74 | char. Gen. Oberarzt d. R. a. D. | 11. 9. 38 |
| 722 | Ulmer Hans | ⊕ | Stab Oa. Mitte | 509 109 | 10 557 | 25. 3. 04 | Ostubaf. d. R. | 11. 9. 38 |
| 723 | Dr. Schley Wilhelm | ⊕ | Stab Ab. XXIV | 490 551 | 17 769 | 15. 3. 99 | Oberarzt d. R. | 11. 9. 38 |
| 724 | Ellermeier Walter, ✠ II | ⊕ | Hauptamt Volksd. Mittelstelle | 289 093 | 46 668 | 12. 7. 06 | Ustuf. d. R. | 11. 9. 38 |
| 725 | Grimme Karl-Franz, ⬤ ⬤ | ⊕ | Stabsf. Ab. XIII | 360 303 | 46 095 | 13. 12. 90 | Stubaf. d. R. | 11. 9. 38 |
| 726 | von Uslar Hans, ✠ I ⬤ ⬤ | ⊕ | Pers. Stab RF SS | 976 171 | 264 177 | 1. 2. 91 | Staf. | 11. 9. 38 |
| 727 | Dr. Zindel Karl, ✠ I ⬤ ⬤ | ⊕ | Reichssicherheitshauptamt, Internat. Kriminalkomm. | *3 226 421* | 290 114 | 26. 12. 94 | Obltn. d. R. | 11. 9. 38 |
| 728 | Dr. Rinne Hans, ✠ I ⬤ ⬤ | ⊕ | Stab Oa. Nordsee | 558 248 | 19 250 | 11. 2. 88 | Stabsarzt d. R. a. D. | 9. 11. 38 |
| 729 | Eschholdt Ludwig, ✠ II ⬤ ⬤ | ⊕ | F. Ab. XXVIII | 594 390 | 13 037 | 12. 8. 92 | Obltn. d. P. a. D. | 9. 11. 38 |
| 730 | Moreth Walter | ⊕ | F. 2. Sta. | 168 891 | 8 767 | 8. 5. 04 | Ostuf. d. R. | 9. 11. 38 |
| 731 | Martin Peter, ⬤ ✠ II ⬤ ⬤ | ⊕ | b. Stab SS-Hauptamt | **23 046** | 276 213 | 26. 5. 88 | — | 9. 11. 38 |
| 732 | Kröger Paul | ⊕ | F. 31. Sta. | 1 093 138 | 25 655 | 29. 1. 01 | Stubaf. d. R. | 9. 11. 38 |
| 733 | Peterseil Franz, ⬤ M. d. R. | ⊕ | b. Stab Ab. VIII | — | 310 400 | 4. 5. 07 | — | 9. 11. 38 |
| 734 | Pinter Rupert | ⊕ | F. 89. Sta. | 198 696 | 17 138 | 18. 9. 10 | Ostuf. d. R. | 1. 12. 38 |
| 735 | Feichtmayr Otto, ⬤ ⬤ | ⊕ | F. 87. Sta. | 248 158 | 23 093 | 23. 7. 05 | Ustuf. d. R. | 1. 1. 39 |
| 736 | Dr. Wenzel Ernst, ✠ II ⬤ ⬤ ⬤ | ⊕ | Stab SS-Hauptamt | *4 833 153* | 248 117 | 8. 6. 91 | Oberstarzt d. Sch. P. | 28. 1. 39 |
| 737 | Gourdet Willi, ✠ I ⬤ ⬤ | ⊕ | Stammabt. 47 | 560 667 | 13 836 | 24. 1. 83 | Oberst d. P. a. D. | 30. 1. 39 |
| 738 | Hausleiter Leo, ✠ I ⬤ ⬤ | ⊕ | Reichssicherheitshauptamt | 1 411 505 | 36 062 | 9. 1. 89 | Obltn. d. R. a. D. | 30. 1. 39 |
| 739 | Pruchtnow Richard, ✠ II ⬤ ⬤ | ⊕ | Reichssicherheitshauptamt | 531 273 | 27 487 | 8. 4. 92 | — | 30. 1. 39 |
| 740 | Daßler Herbert, ⬤ | ⊕ | b. Stab RuS-Hauptamt | 312 956 | 276 596 | 25. 1. 02 | — | 30. 1. 39 |
| 741 | Dr. Ohnacker Paul, ✠ II ⬤ ⬤ | ⊕ | Stab Ab. XVI | 449 643 | 28 717 | 24. 11. 86 | O. Stabsarzt d. R. | 30. 1. 39 |

| Lfde. Nr. | Name, Vorname | Degen/Ring | Dienststellung | Partei-Nr. | ᛋᛋ-Nr. | Geburts-datum | Führer- bzw. Offz.-Dienstgrad bei der Waffen-ᛋᛋ, Wehrmacht, Polizei | Standartenführer |
|---|---|---|---|---|---|---|---|---|
| 742 | Koenig Kaspar, ⊛ ✠ I ⊛ ⊛ | ⓓ | Stabsf. Ab. XVI | 121 021 | 14 918 | 6. 9.97 | Hstuf. d. R. | 30. 1.39 |
| 743 | Lohmann Albert | ⓓ | F. 94. Sta. | 154 435 | 4 902 | 19. 6.05 | Ltn. d. R. | 30. 1.39 |
| 744 | Prof. Dr. Höhn Reinhard | ⓓ | Reichssicherheitshauptamt | *2 175 900* | 36 229 | 29. 7.04 | — | 30. 1.39 |
| 745 | Sohst Walter, ✠ I ⊛ ⊛ ⊛ | ⓓ | Reichssicherheitshauptamt | 1 090 541 | 36 087 | 23. 2.98 | Ltn. d. R. a. D. | 30. 1.39 |
| 746 | von Paris Fritz, ✠ II ⊛ | ⓓ | ᛋᛋ-Standortkdtr. Prag | — | 146 712 | 26. 2.86 | Staf. | 30. 1.39 |
| 747 | Pister Hermann, ✠ II ⊛ ⊛ ✠ II | ⓓ | Kdr. K. L. Buchenwald | 918 391 | 29 892 | 21. 2.85 | Ostubaf. | 30. 1.39 |
| 748 | von Kozierowski Heinrich, ⊛ ✠ II ⊛ ⊛ Po. Pr., M. d. R. | ⓓ | Reichssicherheitshauptamt | **21 203** | 48 080 | 18.12.89 | Ltn. d. R. a. D. | 30. 1.39 |
| 749 | Manger Heinz, ✠ II ⊛ | ⓓ | Stab Chef Fernmeldewesen | 989 322 | 71 911 | 18. 8.97 | Staf. | 30. 1.39 |
| 750 | Wander Carl, ✠ II | ⓖ | ᛋᛋ-Personalhauptamt, kdrt. Stabshauptamt R. f. d. F. d. V. | 104 175 | 2 637 | 1.11.01 | Ostubaf. | 30. 1.39 |
| 751 | Dr. Kurz Heinz, ⊛ ✠ I ⊛ ⊛ ⊛ | ⓓ | b. ᛋᛋ-Personalhauptamt | 267 449 | 29 623 | 19. 9.94 | Obltn. d. R. a. D. | 30. 1.39 |
| 752 | Dr. Bilgeri Georg, ⊛ ⊛ | ⓵ | b. Stab Ab. XXXVI | — | 291 054 | 13. 2.98 | Ltn. d. R. a. D. | 30. 1.39 |
| 753 | Dr. Seyffert Hans, ✠ I ⊛ ⊛ | ⓓ | b. Stab RuS-Hauptamt | *4 575 455* | 253 198 | 5.11.95 | Ltn. d. R. a. D. | 30. 1.39 |
| 754 | Tesmer Hans | ⓵ | Reichssicherheitshauptamt | 1 330 926 | 272 582 | 29. 5.01 | — | 30. 1.39 |
| 755 | Lammel Richard, ⊛ ⊛ ⊛ M. d. R. | ⓓ | b. Stab Ab. XXXVII | — | 310 467 | 2. 2.99 | — | 30. 1.39 |
| 756 | Dr. Brustmann Martin, ✠ II ⊛ | ⓓ | Reichssicherheitshauptamt | 893 744 | 310 198 | 4. 5.85 | Ass. Arzt d. R. a. D. | 30. 1.39 |
| 757 | Asmus Georg, ✠ I ⊛ ⊛ | ⓵ | Stammabt. 2 | *3 117 294* | 313 949 | 7.10.88 | Oberst d. Sch.P. | 30. 1.39 |
| 758 | Rinck Albert, ✠ I ⊛ ⊛ | ⓵ | z. Zt. Hauptfürs. Vers. Amt | 1 327 090 | 314 931 | 20. 4.83 | Staf. d. R. | 30. 1.39 |
| 759 | Dr. Schicketanz Rudolf, M. d. R. | ⓵ | b. Stab Oa. Elbe | *6 697 309* | 382 353 | 11. 9.00 | — | 30. 1.39 |
| 760 | Heske Ferdinand, ⊛ ⊛ | ⓓ | b. Stab Oa. Main | **31 324** | 314 919 | 28. 8.92 | Oberstltn. d. Sch. P. | 1. 3.39 |
| 761 | Kagelmann Alfred, ✠ I ⊛ | ⓞ | Stab Ab. XXIV | 354 082 | 27 180 | 12.11.91 | Ltn. d. R. a. D. | 20. 4.39 |
| 762 | Peters Johann, ⊛ | ⓞ | Stammabt. 53 | 148 329 | 4 758 | 30.11.00 | — | 20. 4.39 |
| 763 | Hofbauer Bruno, ✠ II ⊛ ⊛ ✠ II | ⓓ | Stab Oa. Ostsee | 409 128 | 32 215 | 7. 3.94 | — | 20. 4.39 |
| 764 | Braun Robert, ✠ I ⊛ ⊛ ⊛ | ⓓ | b. Stab ᛋᛋ-Hauptamt | 594 808 | 36 928 | 26. 3.88 | Major z. V. | 20. 4.39 |
| 765 | Pflaum Guntram, ✠ II | ⓓ | Pers. Stab RF ᛋᛋ | 1 200 703 | 39 477 | 13. 4.03 | Hstuf. (S) | 20. 4.39 |
| 766 | Breuer Konrad, ✠ II ⊛ | ⓓ | Stab Oa. Rhein | 1 114 043 | 268 868 | 26. 3.91 | Ostubaf. d. R. | 20. 4.39 |
| 767 | Ihlert Heinrich, ⊛ ✠ II ⊛ ⊛ | ⓓ | Reichssicherheitshauptamt | **68 128** | 280 084 | 27.10.93 | Hptm. d. R. | 20. 4.39 |
| 768 | Owens Walter | ⓓ | b. Stab ᛋᛋ-Hauptamt | 335 172 | 8 960 | 17. 3.01 | Ustuf. d. R. | 20. 4.39 |
| 769 | Bayer Otto, ⊛ ✠ II | ⓓ | Stab ᛋᛋ-Hauptamt | 361 555 | 19 618 | 6.11.00 | Ostubaf. d. R. | 20. 4.39 |
| 770 | Schneider Hermann, M. d. R. | ⓓ | RuS-Hauptamt | 162 440 | 276 597 | 29. 1.72 | — | 20. 4.39 |
| 771 | Martin Georg, ✠ I ⊛ ⊛ | ⓓ | ᛋᛋ-J. Sch. Braunschweig | — | 87 679 | 26. 9.97 | Staf. | 20. 4.39 |
| 772 | Diebitsch Karl, ✠ II ⊛ ⊛ | ⓓ | Kdr. Flak. Abt. ᛋᛋ-Div. Wiking | *4 690 956* | 141 990 | 3. 1.99 | Staf. d. R. | 20. 4.39 |

| Lfde. Nr. | Name, Vorname | Degen/Ring | Dienststellung | Partei-Nr. | SS-Nr. | Geburts-datum | Führer- bzw.Offz.-Dienstgrad bei der Waffen-SS, Wehrmacht, Polizei | Standarten-führer |
|---|---|---|---|---|---|---|---|---|
| 773 | Meßner Wilhelm, ✠ I ⊛ ⊛ | ⊕ | Stab Oa. Ostsee | 2 263 641 | 167 621 | 5. 6. 82 | Rittm. d. R. | 20. 4. 39 |
| 774 | Jaeschke Otto, ✠ I ⊛ ⊛ M. d. R. | ⊕ | RuS-Hauptamt | 543 905 | 276 207 | 17. 11. 90 | Obltn. d. R. a. D. | 20. 4. 39 |
| 775 | Dr. von Wolff Günther, ✠ I ⊛ ⊛ ⊛ | ⊕ | b. SS-Personalhauptamt | 867 738 | 58 521 | 4. 9. 93 | O. Stabsarzt d. R. | 20. 4. 39 |
| 776 | Spiewok Karl, ✠ II ⊛ ⊛ ✠ I ⊛ ⊛ | ⊕ | Reichssicherheitshauptamt | 320 315 | 6 128 | 13. 12. 92 | Hptm. d. R. | 20. 4. 39 |
| 777 | Dalski Egon, ✠ I ⊛ ⊛ ✠ II | ⊕ | Pers. Stab RF SS | 605 214 | 18 286 | 2. 1. 98 | — | 20. 4. 39 |
| 778 | Krichbaum Willi, ✠ I ⊛ ⊛ | ⊕ | Reichssicherheitshauptamt | 5 820 987 | 107 039 | 7. 5. 96 | Oberst d. P. | 20. 4. 39 |
| 779 | Dr. Metzner Franz, ⊛ ✠ I ⊛ ⊛ M. d. R. | | Reichssicherheitshauptamt | 355 139 | 290 263 | 26. 5. 95 | Obltn. d. R. | 20. 4. 39 |
| 780 | Dr. Fridrich Hans, ✠ I ⊛ ⊛ | ⊕ | Reichssicherheitshauptamt | 1 413 841 | 272 275 | 24. 10. 84 | Ltn. d. R. a. D. | 20. 4. 39 |
| 781 | Graf von Rödern Max-Erdmann, ✠ I ⊛ ⊛ | ⚔ | b. Stab Oa. Südost | 4 542 402 | 308 242 | 7. 12. 84 | Major z. V. | 20. 4. 39 |
| 782 | Dr. Schlumprecht Karl, M. d. R. | ⚔ | b. Stab Oa. Süd | 375 774 | 47 325 | 20. 4. 01 | — | 20. 4. 39 |
| 783 | Dr. Möbius Martin, ✠ I ⊛ ⊛ ⊛ | ⊕ | z. Zt. Hauptfürs. Vers. Amt | 1 064 456 | 276 289 | 22. 1. 88 | Ostubaf. d. R. | 20. 4. 39 |
| 784 | Dr. Salpeter Walter | ⊕ | SS-W.-V. Hauptamt | 3 958 913 | 150 729 | 31. 7. 02 | — | 20. 4. 39 |
| 785 | Hildebrandt Fritz, ✠ I ⊛ ⊛ | ⊕ | F. 33. Sta. | 2 176 645 | 181 214 | 2. 11. 92 | Obltn. d. R. | 20. 4. 39 |
| 786 | Eisenkolb Hans, ⊛ M. d. R. | ⊕ | b. Stab Ab. VIII | 901 133 | 309 499 | 16. 4. 05 | — | 20. 4. 39 |
| 787 | Ritzer Konrad, ✠ I ⊛ ⊛ | | b. SS-Personalhauptamt | 1 864 334 | 314 244 | 24. 8. 93 | Oberst d. Sch. P. | 20. 4. 39 |
| 788 | Hoffmann Albert, ⊛ ✠ II M. d. R. | O | Reichssicherheitshauptamt | 41 165 | 278 225 | 24. 10. 07 | — | 20. 4. 39 |
| 789 | Schüßler Wilhelm, ✠ I ⊛ ⊛ | | b. Stab Ab. XXXVIII | — | 323 047 | 5. 4. 79 | Gen. Major z. V. | 20. 4. 39 |
| 790 | Toelpe Friedrich, ✠ I ⊛ ⊛ | | b. Stab Oa. Südost | 5 755 960 | 323 048 | 28. 11. 70 | Oberst z. V. | 20. 4. 39 |
| 791 | Sippel Wilhelm, ✠ I ⊛ ⊛ | | b. Stab Ab. III | 2 506 137 | 323 765 | 4. 2. 92 | Oberst d. Sch.P. a. D. | 20. 4. 39 |
| 792 | Dr. Sommer Hans, ⊛ ✠ II Po. Pr. | ⊕ | b. Stab Ab. XXXIII | 3 199 | 327 336 | 13. 12. 01 | Stabsarzt d. Sch. P. a. D. | 20. 4. 39 |
| 793 | Mascus Hellmut, ✠ I ⊛ ⊛ | | Insp. O. P. Stuttgart | 1 937 928 | 327 418 | 30. 3. 91 | Oberst d. Sch. P. | 20. 4. 39 |
| 794 | Krumhaar Bruno, ✠ I ⊛ ⊛ | | b. Stab Oa. Nordsee | 3 983 623 | 337 747 | 21. 8. 85 | Oberst d. Sch. P. | 20. 4. 39 |
| 795 | Dr. Müller Erich | ⊕ | Reichssicherheitshauptamt | 1 240 093 | 105 979 | 30. 8. 02 | — | 1. 5. 39 |
| 796 | Henschel Theodor, ⊛ | ⊕ | Stabshauptamt R. f. d. F. d. V. | 91 630 | 26 696 | 18. 2. 04 | — | 1. 6. 39 |
| 797 | Strathmann Horst, ✠ II ⊛ | ⊕ | z. Z. Kdr. SS-I. E. Batl. Westland | 261 557 | 25 885 | 17. 5. 99 | Stubaf. d. R. | 1. 3. 39 |
| 798 | Feldmann Gerhard | ⊕ | Stab RuS-Hauptamt | 426 935 | 3 681 | 11. 1. 07 | — | 1. 6. 39 |
| 799 | Rohde Friedrich, ✠ II ⊛ ⊛ | | b. Stab Ab. XII | 66 661 | 327 483 | 26. 5. 93 | Major d. Sch. P. | 1. 6. 39 |
| 800 | Haan Adolf, ⊛ ✠ II ⊛ ⊛ | | Stammabt. 2 | 71 932 | 327 484 | 16. 2. 92 | Major d. Sch. P. | 1. 6. 39 |
| 801 | Dr. Wölbing Willy, ✠ I ⊛ | ⊕ | b. Stab SS-Hauptamt | 2 642 406 | 277 319 | 15. 1. 91 | Hstuf. d. R. | 4. 6. 39 |
| 802 | von Pawlowski Wladimir, ⊛ Reg. Pr. | ⚔ | b. Stab Ab. XXXV | — | 292 801 | 29. 8. 91 | Ltn. d. R. a. D. | 21. 6. 39 |
| 803 | Dr. Winkelnkemper Toni, M. d. R. | ⚔ | b. Stab Oa. West | 232 248 | 310 379 | 18. 10. 05 | — | 21. 6. 39 |

| Lfde. Nr. | Name, Vorname | Degen/Ring | Dienststellung | Partei-Nr. | SS-Nr. | Geburts-datum | Führer- bzw. Offz.-Dienstgrad bei der Waffen-SS, Wehrmacht, Polizei | Standarten-führer |
|---|---|---|---|---|---|---|---|---|
| 804 | von Pichl Carl, ✠ II ⊕ | ⓛ | F. 15. R. Sta. | 1 086 961 | 41 935 | 16. 8.83 | Rittm. a. D. | 1. 7.39 |
| 805 | von Heimburg Erik, ✠ I ⊕ ⊕ ⊕ | | Kdr. O. P. Charkow | 4 230 308 | 337 729 | 6. 10. 92 | Oberst d. Sch. P. | 1. 7.39 |
| 806 | Dame Ernst, ⊕ | O | b. Stab SS-Hauptamt | 12 538 | 337 749 | 22. 6. 03 | — | 1. 7.39 |
| 807 | Schimana Walter, ⊕ ⊕ ✠ II | ⓛ | SS-Pol. F. b. Höh. SS-Pol. F. Rußland-Mitte | 49 042 | 337 753 | 12. 3. 98 | Oberst d. Gend. | 1. 7.39 |
| 808 | Dr. Fischer Hermann, ✠ II ⊕ | O | Stammabt. 20 | 1 168 069 | 19 251 | 22. 3. 83 | Stabsarzt d. R. a. D. | 1. 8.39 |
| 809 | Schmidt Rudolf, ✠ II ⊕ ✠ I ⊕ | | Stab Oa. Mitte | 119 971 | 356 857 | 12. 1.99 | Hptm. d. R. | 1. 8.39 |
| 810 | Benn Curt, ⊕ ✠ II ⊕ ⊕ | O | Reichssicherheitshauptamt | 32 588 | 9 526 | 30. 1. 97 | — | 1. 9.39 |
| 811 | Schimmelpfennig Erich, ✠ I ⊕ ⊕ | ⓛ | b. Stab Oa. Weichsel | — | 241 230 | 21. 5. 83 | Kpt. Ltn. d. R. | 1. 9.39 |
| 812 | Turza Walter, ⊕ ⊕ | ⓛ | Insp. Stammabt. Donau | 51 282 | 2 389 | 4. 8. 90 | — | 1. 9.39 |
| 813 | Hammer Max | O | Stabshauptamt R. f. d. F. d. V. | 873 284 | 21 688 | 27. 1. 03 | — | 1. 9.39 |
| 814 | Heusser Oskar, ✠ I ⊕ ⊕ | O | b. SS-Personalhauptamt | 148 149 | 340 787 | 22. 2. 95 | Oberstltn. d. Sch. P. | 1. 9.39 |
| 815 | Wiese Nils-Otto, ✠ II ⊕ ⊕ ⊕ | ⓛ | b. Stab Oa. Elbe | 266 452 | 8 137 | 15. 8. 98 | Hstuf. d. R. | 10. 9.39 |
| 816 | Dr. Jacobsen Rudolf, ✠ II ⊕ ✠ II | ⓛ | Stab SS-Hauptamt | 1 409 802 | 79 517 | 1. 5. 98 | Ostubaf. d. R. | 10. 9.39 |
| 817 | Helldobler Franz, ⊕ ⊕ | ⓛ | Reichssicherheitshauptamt | 792 | 36 058 | 19. 4. 89 | — | 10. 9.39 |
| 818 | Barthel Richard, ✠ I ⊕ ⊕ | ⓛ | b. Stab SS-Hauptamt | 2 597 840 | 279 464 | 5. 12. 83 | Major d. R. | 10. 9.39 |
| 819 | Wichmann Karl, ⊕ | ⓛ | F. 26. Sta. | 87 495 | 59 774 | 30. 3. 00 | Hstuf. (S) | 10. 9.39 |
| 820 | Stemmler Willy, ⊕ | ⓛ | F. 85. Sta. | 101 386 | 34 589 | 2. 12. 99 | — | 10. 9.39 |
| 821 | Brunner Karl, ✠ II ⊕ | ⓛ | Insp. Sich. P. u. SD Salzburg | 1 903 386 | 107 161 | 26. 7. 00 | Oberst d. P. | 10. 9.39 |
| 822 | Piékarski Felix, ⊕ ✠ I ⊕ | ⓛ | b. Stab Oa. Rhein | 87 172 | 21 362 | 10. 7. 90 | Hptm. d. R. | 10. 9.39 |
| 823 | Frosch Edmund, ✠ II ⊕ ✠ I ⊕ | ⓛ | F. 83. Sta. | 847 328 | 247 065 | 7. 6. 96 | Ostubaf. d. R. | 10. 9.39 |
| 824 | Dr. Knöpfler Richard, ⊕ ⊕ | ⓛ | b.Stab Ab. XXXVI | 1 305 578 | 307 473 | 13. 7. 92 | Obltn. d. R. a. D. | 10. 9.39 |
| 825 | Dr. Wendler Ernst, ✠ I ⊕ ⊕ ⊕ ✠ II | | b. Stab SS-Hauptamt | 3 470 897 | 347 197 | 24. 4. 90 | Hptm. d. R. | 10. 9.39 |
| 826 | Prof. Dr. Stahl Otto, ✠ I ⊕ ⊕ | | Stab RF SS | 1 146 222 | 347 106 | 20. 8. 87 | Stabsarzt d. R. a. D. | 1. 10. 39 |
| 827 | Blumberg Karl, ✠ II ⊕ ⊕ ⊕ | ⓛ | b. Stab SS-W.-V. Hauptamt | 952 019 | 263 644 | 30. 10. 89 | Staf. a. D. | 1. 11. 39 |
| 828 | Schuhmann Walter, ⊕ ⊕ ⊕ St. Rat, M. d. R. | O | b. Stab SS-Hauptamt | 19 874 | 347 116 | 3. 4. 98 | — | 1. 11. 39 |
| 829 | Bertling Heinz, ✠ I ⊕ ⊕ ⚔ | ⓛ | b. Stab SS-Hauptamt | 370 275 | 60 258 | 20. 10. 98 | Staf. d. R. | 9. 11. 39 |
| 830 | Minke Paul | | b. Stab SS-Hauptamt | 1 947 340 | 347 162 | 10. 10. 00 | — | 1. 12. 39 |
| 831 | Dr. Denz Egon | ⓛ | b. Stab Ab. XXXVI | — | 309 084 | 23. 11. 99 | — | 19. 12. 39 |
| 832 | Dr. Hesse Wilhelm | | b. Stab Oa. Mitte | 335 579 | 351 245 | 27. 12. 01 | — | 29. 12. 39 |
| 833 | Meisinger Josef, ⊕ ✠ II ⊕ | ⓛ | Reichssicherheitshauptamt, z. Zt. Tokio | 3 201 697 | 36 134 | 14. 9. 99 | — | 1. 1. 40 |
| 834 | Drape Rudolf, ✠ I ⊕ ⊕ | ⓛ | b. Stab SS-Hauptamt | 5 579 380 | 289 244 | 29. 9. 95 | Oberstltn. a. D. | 1. 1. 40 |

| Lfde. Nr. | Name, Vorname | Degen/Ring | Dienststellung | Partei-Nr. | ᛋᛋ-Nr. | Geburts-datum | Führer- bzw. Offz.-Dienstgrad bei der Waffen-ᛋᛋ, Wehrmacht, Polizei | Standarten-führer |
|---|---|---|---|---|---|---|---|---|
| 835 | Kaufmann Franz, ✠ II ⊙⊙⊙ | ⊙ | b. ᛋᛋ-Personal-hauptamt | 278 832 | 60 676 | 16. 2. 87 | Hptm. d. R. | 1. 1. 4 |
| 836 | Dr. Krueger Richard, ✠ II ⊙⊙⊙ II | ⊙ | b. ᛋᛋ-Personal-hauptamt | 1 105 751 | 267 919 | 4. 11. 81 | O. Feldarzt d. R. | 1. 1. 4 |
| 837 | Kolbe Hans, L. Rat | | Reichssicherheits-hauptamt | 2 063 199 | 347 194 | 11. 5. 82 | char. V. Admiral a. D. | 1. 1. 4 |
| 838 | Schulz Bruno, ✠ I ⊙⊙⊙ | ⊙ | Stab ᛋᛋ-Hauptamt | 4 764 797 | 98 835 | 19. 8. 97 | Hstuf d. R. | 30. 1. 4 |
| 839 | Schnoeckel Paul, ✠ I ⊙⊙⊙ | | b. Stab ᛋᛋ-Haupt-amt | 1 067 229 | 291 209 | 26. 8. 78 | char. Major z.V. | 30. 1. 4 |
| 840 | Prof. Dr. Buntru Alfred, ✠ I ⊙⊙⊙ | | Reichssicherheits-hauptamt | 3 979 305 | 313 909 | 15. 1. 87 | Oblt. d. R. a.D. | 30. 1. 4 |
| 841 | Wolpers Carl, ✠ II | | Reichssicherheits-hauptamt | 1 072 436 | 351 097 | 25. 8. 75 | — | 30. 1. 4 |
| 842 | Jansen Quirin, ⊙ | | 58. Sta. | 73 667 | 351 270 | 20. 1. 88 | — | 30. 1. 4 |
| 843 | Dr. Hamann Ehrhardt | | b. Stab Ab. XVIII | 176 698 | 351 382 | 13. 1. 00 | — | 30. 1. 4 |
| 844 | Grieser Horst, ✠ II ⊙⊙⊙ | | b. Stab Oa. Weichsel | — | 353 186 | 30. 10. 80 | Major d. R. | 30. 1. 4 |
| 845 | Grünwald Hans-Dietrich, ✠ I ⊙⊙⊙ | ⊙ | b. ᛋᛋ-Personal-hauptamt | 1 260 314 | 309 502 | 14. 12. 98 | Oberst d. Gend. | 1. 4. 4 |
| 846 | Boschmann Friedrich, M.d.R. | | Reichssicherheits-hauptamt | 421 410 | 351 665 | 1. 1. 03 | — | 1. 4. 4 |
| 847 | Dr. Schnell Erich, ✠ II ⊙⊙ | O | b. Stab Ab. XXVII | 114 176 | 289 684 | 10. 4. 94 | Obltn. d. R. | 20. 4. 4 |
| 848 | Dr. Lierau Walter, ✠ I ⊙⊙⊙ | ⊙ | b. Stab ᛋᛋ-Haupt-amt | 1 091 771 | 50 498 | 13. 8. 75 | Oberstltn. a.D. | 20. 4. 4 |
| 849 | Marotzke Wilhelm, ✠ I ⊙⊙⊙ | ⊙ | Reichssicherheits-hauptamt | 5 379 721 | 290 125 | 16. 8. 97 | Ltn. d. R. a.D. | 20. 4. 4 |
| 850 | Hammer Martin, ✠ I ⊙⊙⊙ | | b. Stab Ab. XXXI | 1 977 420 | 313 979 | 13. 1. 90 | Oberst d. Gend. | 20. 4. 4 |
| 851 | Dr. Schieber Walther, ⊙✠I ⊙⊙⊙ | ⊙ | Stab Ab. XXVII | 548 839 | 161 947 | 13. 9. 96 | Ltn. d. R. a.D. | 20. 4. 4 |
| 852 | Sieber Georg-Jakob, ✠ II ⊙⊙ | ⊙ | F. Ab. III | 336 061 | 13 100 | 27. 10. 94 | Ltn. d. R. | 20. 4. 4 |
| 853 | Müller Georg-Wilhelm, ⊙ | ⊙ | b. Stab ᛋᛋ-Haupt-amt | 74 380 | 3 554 | 29. 12. 09 | Ustuf d. R. | 20. 4. 4 |
| 854 | Drendel Karl, ✠ I ⊙⊙⊙ | | Reichssicherheits-hauptamt | 1 330 870 | 99 435 | 17. 3. 90 | Hptm. d. R. | 20. 4. 4 |
| 855 | Hube Fritz, ⊙ | O | b. Stab Oa. Ostsee | 230 564 | 48 699 | 8. 12. 99 | — | 20. 4. 40 |
| 856 | Herrmann Karl, ✠ I ⊙ | | Kdr. ᛋᛋ-I. R. 10 | 1 361 788 | 357 135 | 27. 10. 91 | Staf. d. R. | 28. 4. 40 |
| 857 | Trabandt Wilhelm, ✠ I ⊙⊙ | ⊙ | Erg. Amt W. ᛋᛋ | — | 218 852 | 21. 7. 91 | Staf. | 11. 5. 40 |
| 858 | Haertel Max, ✠ II ⊙⊙ ✠ II | ⊙ | Reichssicherheits-hauptamt | 2 125 791 | 290 009 | 4. 5. 81 | Hptm. d. R. | 30. 5. 40 |
| 859 | Linert Gustav, ⊙ | | Stab Ab. XXXVI | — | 308 216 | 31. 12. 87 | Hptm. d.R. a.D. | 1. 6. 40 |
| 860 | Crux Hermann, ✠ I ⊙⊙⊙ | | b. Stab Oa. Südost | 3 055 581 | 357 263 | 31. 8. 86 | Oberst d. Sch. P. | 1. 6. 40 |
| 861 | Demme Karl, ✠ I ⊙⊙ | ⊙ | Stab ᛋᛋ-Hauptamt | 1 038 060 | 228 339 | 25. 9. 94 | Staf. | 1. 7. 40 |
| 862 | Neumeyer Ernst, ⊙ ✠ II | | b. Stab Oa. Rhein | 66 675 | 361 230 | 4. 5. 01 | Major d. Sch.P. | 1. 7. 40 |
| 863 | Heusmann Ludwig, ✠ I ⊙⊙ ✠ II | ⊙ | b. Stab Oa. Mitte | 537 625 | 40 579 | 16. 7. 80 | Ltn. a. D. | 16. 7. 40 |
| 864 | Loeffel Rudolf, ✠ I ⊙⊙⊙ Po. Pr. | ⊙ | Reichssicherheits-hauptamt | 270 535 | 262 765 | 6. 7. 87 | Hptm. d.R a.D. | 1. 8. 40 |
| 865 | Rall Gustav, ✠ I ⊙ | ⊙ | Reichssicherheits-hauptamt | 1 097 127 | 50 499 | 2. 9. 83 | Ltn. d. R. a.D. | 1. 8. 40 |
| 866 | Dr. Siegert Rudolf | | Reichssicherheits-hauptamt, stellv.ChefAmt II u. Gruppenleiter | 4 578 519 | 347 050 | 23. 12. 99 | — | 1. 8. 40 |
| 867 | Mueller Rudolf, ✠ I ⊙⊙⊙ | | Stammabt. 12 | 2 484 328 | 361 261 | 27. 4. 90 | Oberst d. Gend. | 1. 8. 40 |

| Lfde. Nr. | Name, Vorname | Degen/Ring | Dienststellung. | Partei-Nr. | ᛋᛋ-Nr. | Geburts-datum | Führer- bzw.Offz.-Dienstgrad bei der Waffen-ᛋᛋ, Wehrmacht, Polizei | Standartenführer |
|---|---|---|---|---|---|---|---|---|
| 868 | Dr. Ernst Robert, ✠I ❂ ❂ ✠II | | b. Stab ᛋᛋ-Hauptamt | 2 499 974 | 365 141 | 4. 2. 97 | Major d. R. | 1. 8. 40 |
| 869 | von Falkowski Leo, ✠I ❂ ❂ II | | Befehlshaber O. P. Danzig | 3 118 629 | 365 174 | 23. 5. 88 | Oberst d. Sch.P. | 1. 8. 40 |
| 870 | Görecke Oskar, ❂ ❂ | O | Stammabt. 31 | **14 196** | 654 | 22. 8. 70 | — | 22. 8. 40 |
| 871 | Staudinger Walter, ❂ ✠II ❂ | ⊕ | Kdr. Art. Rgt. Leibstandarte-ᛋᛋ | 3 201 960 | 242 652 | 24. 1. 98 | Staf. | 1. 9. 40 |
| 872 | Bartsch Kurt, ✠II ❂ ❂ | ⊕ | ᛋᛋ-San. Amt | 1 091 491 | 275 559 | 6. 8. 84 | Staf. | 1. 9. 40 |
| 873 | Prof. Dr. Holfelder Albert | O | Reichssicherheitshauptamt | 2 459 510 | 267 229 | 21. 5. 03 | — | 1. 9. 40 |
| 874 | Dr. Loeser Otto, ✠II ❂ | ⊕ | ᛋᛋ-Laz. Berlin | 1 996 122 | 276 812 | 25. 4. 77 | Staf. | 1. 9. 40 |
| 875 | Jäger Karl, ✠I ❂ | ⊕ | Reichssicherheitshauptamt | 359 269 | 62 823 | 20. 9. 88 | — | 1. 9. 40 |
| 876 | Neblich Walther, ✠II ❂ ❂ ❂ ✠II | | Kdr. ᛋᛋ-Kraftfahrt. Lehranstalt | 3 272 377 | 340 781 | 25. 5. 95 | Staf. | 1. 9. 40 |
| 877 | Dr. Müller Kurt-Peter, ✠II ❂ ❂ | ⊕ | Kdr. ᛋᛋ-Ärztl. Akademie | 3 592 299 | 278 038 | 10. 3. 94 | Staf. | 1. 9. 40 |
| 878 | Grussendorf Oskar, ✠II ❂ ❂ ❂ | | Insp. O. P. Breslau | 3 805 262 | 382 305 | 16. 7. 88 | Oberst d. Sch.P. | 1. 9. 40 |
| 879 | Dr. Bickler Hermann, ✠II | | b.StabAb.XXXXV | — | 367 776 | 28. 12. 04 | — | 6. 9. 40 |
| 880 | Galke Bruno, ✠I | ⊕ | Pers. Stab RF ᛋᛋ | 1 379 808 | 89 019 | 24. 1. 05 | — | 1. 10. 40 |
| 881 | Sollmann Max, ❂ ❂ | ⊕ | Pers. Stab RF ᛋᛋ | **35 362** | 282 277 | 6. 6. 04 | — | 1. 10. 40 |
| 882 | Brockhausen Ralf, ❂ M.d.R. | | b. Stab ᛋᛋ-Hauptamt | 553 619 | 367 791 | 1. 11. 98 | — | 1. 10. 40 |
| 883 | Nöhles Arnold, ❂ ✠I ❂ ❂ | O | Stab Ab. XXV | **40 929** | 4 029 | 23. 5. 91 | — | 9. 11. 40 |
| 884 | Warder-Gunning Adolf, ✠I ❂ ❂ | | b. Stab Oa. Rhein | 3 056 346 | 279 465 | 19. 9. 86 | Major z. V. | 9. 11. 40 |
| 885 | Dörffler-Schuband Werner, ✠II ❂ ❂ ✠I ❂ | ⊕ | Kdr. ᛋᛋ-J. Sch.Tölz | 1 427 198 | 112 955 | 15. 12. 92 | Staf. | 9. 11. 40 |
| 886 | Fromm Werner, ✠II | ⊕ | ᛋᛋ-Pol. F. Bialystok | 753 170 | 17 080 | 9. 4. 05 | Ltn. d. R. | 9. 11. 40 |
| 887 | Dr. Pfannenstiel Rudolf, ✠I ❂ ❂ | ⊕ | ᛋᛋ-Standortkdtr. Dachau | 4 691 491 | 276 748 | 31. 7. 80 | Staf. | 9. 11. 40 |
| 888 | Worm Paul, ✠I ❂ ❂ | ⊕ | b. Stab Oa. Donau | 1 410 685 | 307 789 | 13. 2. 93 | Oberst d.Sch.P. | 9. 11. 40 |
| 889 | Fischer Karl, ✠I ❂ ❂ | ⊕ | b. ᛋᛋ-Personalhauptamt | 5 379 712 | 313 994 | 16. 4. 89 | Oberst d.Sch.P. | 9. 11. 40 |
| 890 | Dr. Vitzdamm Heinrich, Po. Pr. | ⊕ | Reichssicherheitshauptamt | 2 652 889 | 107 410 | 29. 2. 92 | — | 9. 11. 40 |
| 891 | Dr. Wüst Walther | ⊕ | Pers. Stab RF ᛋᛋ | 3 208 696 | 278 951 | 7. 5. 01 | — | 9. 11. 40 |
| 892 | Burk Karl, ✠I ❂ | ⊕ | z. Zt. Kdr. ᛋᛋ-Flak.Abt. Ost | 1 848 222 | 68 910 | 14. 3. 98 | Ostubaf. d. R. | 9. 11. 40 |
| 893 | Dr. Gudewill Walter, ✠I ❂ ❂ ❂ | | b. ᛋᛋ-Personalhauptamt | 2 071 165 | 314 231 | 28. 12. 94 | Oberst d. Gend. | 9. 11. 40 |
| 894 | Reinke Helmut, ❂ ❂ | ⊕ | b. Stab RuS-Hauptamt | **1 242** | 263 713 | 23. 3. 97 | — | 9. 11. 40 |
| 895 | Purucker Erich, ✠II ❂ ❂ | ⊕ | b. Stab ᛋᛋ-Hauptamt | 846 117 | 58 662 | 18. 1. 93 | Hptm. d. R. | 9. 11. 40 |
| 896 | Ritter von Kurz Karl, ✠II ❂ ❂ | | b. Stab Ab. XXXV | — | 323 046 | 24. 12. 73 | Oberst z. V. | 9. 11. 40 |
| 897 | Dr. Schmidt Paul, ✠II ❂ ❂ | ⊕ | b. Stab ᛋᛋ-Hauptamt | — | 289 260 | 23. 6. 99 | — | 9. 11. 40 |
| 898 | Calliebe Otto, ✠I ❂ ❂ ❂ | O | Dienststelle »Heißmeyer« | 2 652 486 | 276 650 | 15. 5. 93 | Ltn. d. R. a. D. | 9. 11. 40 |
| 899 | Dr. Jaeger Hermann, ✠I ❂ ❂ ❂ | | b. ᛋᛋ-Personalhauptamt | 1 774 118 | 132 570 | 19. 11. 88 | Ltn. d. R. a. D. | 9. 11. 40 |

| Lfde. Nr. | Name, Vorname | Degen/Ring | Dienststellung | Partei-Nr. | ϟϟ-Nr. | Geburtsdatum | Führer- bzw. Offz.-Dienstgrad bei der Waffen-ϟϟ, Wehrmacht, Polizei | Standartenführer |
|---|---|---|---|---|---|---|---|---|
| 900 | Griphan Walter, ✠ I ⊛ ⊛ ⊛ II | O | Stammabt. 46 | 1 443 628 | 354 169 | 2. 7. 93 | Oberst d. Sch.P. | 9. 11. 40 |
| 901 | Dr. Plakolm Josef, ⊛ ⊛ Po. Pr. | ⚔ | Reichssicherheitshauptamt | 1 516 641 | 308 219 | 22. 7. 89 | Obltn. d. R.a.D. | 9. 11. 40 |
| 902 | Dr. Bub Heinz | ⚔ | b. Stab Ab. XXXIV | 3 675 735 | 275 827 | 3. 5. 01 | — | 9. 11. 40 |
| 903 | Dr. Schwab Otto, ✠ I ⊛ | | Kdr. ϟϟ-Art. Meßschule Glau | 1 507 699 | 351 399 | 7. 9. 89 | Staf. d. R. | 18. 12. 40 |
| 904 | Dr. Hock Oskar, ⊛ ✠ II ⊛ ⊛ | ⚔ | ϟϟ-T. Div. | 97 862 | 276 822 | 31. 1. 98 | Staf. | 30. 1. 41 |
| 905 | Dr. Honig Friedrich, ⊛ ⊛ ✠ II ⊛ ⊛ | | RuS-Hauptamt | 2 628 | 254 359 | 21. 2. 96 | Ltn. d. R. | 30. 1. 41 |
| 906 | Flasche August | ⊛ | Stabsf. Ab. XXV | 509 777 | 21 423 | 15. 2. 02 | — | 30. 1. 41 |
| 907 | Vogt Fritz, ⊛ ✠ II ⊛ ⊛ | ⊛ | Stab Oa. Süd | 3 202 347 | 261 307 | 6. 11. 90 | Hptm. a. D. | 30. 1. 41 |
| 908 | Hildebrandt Ernst, ✠ II ⊛ ⊛ ⊛ Po. Pr. | ⊛ | Reichssicherheitshauptamt | 1 664 468 | 25 517 | 31. 5. 95 | Obltn. d. R. a. D. | 30. 1. 41 |
| 909 | Dr. Mayer Kurt | O | b. Stab RuS-Hauptamt | 161 070 | 7 115 | 27. 6. 03 | — | 30. 1. 41 |
| 910 | Rüdiger Albert, ✠ II ⊛ ⊛ | ⊛ | b. Stab Oa. Elbe | 219 220 | 310 320 | 8. 2. 89 | Stubaf. (S) | 30. 1. 41 |
| 911 | Somann Otto, ⊛ ✠ II ⊛ | ⊛ | Reichssicherheitshauptamt | 58 502 | 25 638 | 24. 10. 99 | — | 30. 1. 41 |
| 912 | Gross Hermann, ✠ II ⊛ ⊛ | O | RuS-Hauptamt | 322 923 | 276 532 | 6. 9. 91 | — | 30. 1. 41 |
| 913 | Blobel Paul, ✠ I ⊛ | ⊛ | Reichssicherheitshauptamt | 844 662 | 29 100 | 13. 8. 94 | — | 30. 1. 41 |
| 914 | Dr. Rust Arnold, ✠ I ⊛ ⊛ Po. Pr. | ⊛ | Reichssicherheitshauptamt | 456 887 | 107 246 | 3. 5. 89 | Obltn.d.R.a.D. | 30. 1. 41 |
| 915 | Schnaus Erich | ⊛ | b. Stab ϟϟ-Hauptamt | 432 273 | 247 906 | 16. 12. 01 | — | 30. 1. 41 |
| 916 | Maul Reinhold, ✠ I ⊛ ⊛ | | b. Stab RuS-Hauptamt | 2 290 763 | 347 167 | 3. 1. 84 | Obltn. d. R. a. D. | 30. 1. 41 |
| 917 | Dr. Volmer Reginald, ✠ II ⊛ ⊛ | ⊛ | b. ϟϟ-Personalhauptamt | 2 908 073 | 258 147 | 17. 12. 99 | Obltn. d. R. | 30. 1. 41 |
| 918 | Dr. Schwedler August | ⊛ | b. Stab RuS-Hauptamt | 412 895 | 189 602 | 25. 8. 02 | Ustuf. d. R. | 30. 1. 41 |
| 919 | Wulff Ernst, ⊛ | | Hauptamt Volksd. Mittelstelle | 762 350 | 323 031 | 1. 3. 00 | — | 30. 1. 41 |
| 920 | Althaus Hermann, ⊛ ⊛ | | b. Stab ϟϟ-Hauptamt | 1 105 246 | 323 032 | 10. 1. 99 | — | 30. 1. 41 |
| 921 | Dr. Schwabe Karl, ⊛ | | Reichssicherheitshauptamt | — | 351 623 | 9. 8. 99 | Ltn. d. R. a. D. | 30. 1. 41 |
| 922 | Prof. Dr. Waldschmidt Arnold, ⊛ | O | b. Stab ϟϟ-Hauptamt | 8 856 | 143 285 | 2. 6. 73 | Ltn. d. R. a. D. | 30. 1. 41 |
| 923 | Meier Leo, ✠ II ⊛ ⊛ ⊛ | | Stab Oa. Main | 3 177 307 | 74 733 | 1. 3. 93 | Kpt. Ltn. d. R. | 1. 3. 41 |
| 924 | Dr. Nutzhorn Gustav, ✠ I ⊛ ⊛ ⊛ Po. Pr. | O | Reichssicherheitshauptamt | 191 111 | 276 298 | 8. 8. 86 | Obltn.d.R.a.D. | 1. 4. 41 |
| 925 | Franz Hermann, ✠ II ⊛ ⊛ ⊛ | ⊛ | b. ϟϟ-Personalhauptamt | 824 526 | 361 279 | 16. 8. 91 | Oberst d. Sch.P. | 1. 4. 41 |
| 926 | Dr. Hollfelder Lorenz, ✠ I ⊛ ⊛ | ⊛ | Stab Oa. Süd | 571 861 | 37 551 | 18. 4. 97 | Hptm. d. R. | 20. 4. 41 |
| 927 | Packebusch Herbert | O | b. Stab Oa. Spree | 105 785 | 18 038 | 4. 2. 02 | — | 20. 4. 41 |
| 928 | Skudlarek Erdmann, ✠ II ⊛ ⊛ | ⊛ | Stabsf. Oa. Nord | 913.069 | 26 948 | 23. 6. 92 | Hstuf. d. R. | 20. 4. 41 |
| 929 | Mentz Curt, ✠ I ⊛ ⊛ ⊛ | | b. Stab Oa. Nordsee | 4 496 748 | 293 080 | 14. 7. 75 | Major a. D. | 20. 4. 41 |
| 930 | Beck Jakob, ✠ II ⊛ ⊛ | ⊛ | Reichssicherheitshauptamt | 2 941 480 | 36 204 | 14. 8. 89 | Ltn. d. R. a. D. | 20. 4. 41 |
| 931 | Hettesheimer Ludwig, ✠ II ⊛ ⊛ | ⊛ | Insp. Stammabt. Rhein | 289 556 | 3 474 | 27. 5. 87 | — | 20. 4. 41 |

| Lfde. Nr. | Name, Vorname | Degen.Ring | Dienststellung | Partei-Nr. | ⱽⱽ-Nr. | Geburts-datum | Führer- bzw. Offz.-Dienstgrad bei der Waffen-ⱽⱽ, Wehrmacht, Polizei | Standarten-führer |
|---|---|---|---|---|---|---|---|---|
| 932 | Dr. Dr. Weidemann Johannes, ✠ II 🎖🎖 | | b. Stab Ab. XVIII | 593 845 | 288 688 | 15. 8.97 | — | 20. 4.41 |
| 933 | Otte Hellmuth, ✠ II St. Rat | 🎖 | 4. R. Sta. | 556 365 | 61 335 | 30.10.00 | Obltn. d. R. | 20. 4.41 |
| 934 | Bock Fritz, ✠ I 🎖🎖🎖 | 🎖 | Stab Oa. Donau | 2 326 625 | 261 182 | 7.12.90 | Ltn. d. R. | 20. 4.41 |
| 935 | Biermann Wilhelm, 🎖 ✠ II | 🎖 | Insp. Sich. P. u. SD. Breslau | 40 061 | 13 451 | 6. 2.07 | — | 20. 4.41 |
| 936 | Dr. Jung Heinrich, ✠ I 🎖🎖🎖 | | b. Stab Oa. Elbe | 2 633 726 | 139 903 | 29. 5.92 | Obltn. d. R. | 20. 4.41 |
| 937 | Dr. Schlotterer Gustav, 🎖 | | Reichssicherheits-hauptamt | 74 207 | 289 213 | 1. 3.06 | — | 20. 4.41 |
| 938 | Singer Josef, 🎖 ✠ I 🎖🎖🎖 | O | b. Stab ⱽⱽ-Haupt-amt | 426 | 158 104 | 22. 1.91 | — | 20. 4.41 |
| 939 | Dr. Kernert Karl | 🎖 | Reichssicherheits-hauptamt | 348 873 | 107 405 | 22. 5.07 | — | 20. 4.41 |
| 940 | Kendzia Ernst, ✠ II 🎖 | | b. Stab Oa. Warthe | 465 054 | 247 843 | 2. 4.93 | — | 20. 4.41 |
| 941 | Dr. Berndt Wilhelm, ✠ I 🎖🎖🎖🎖 | O | ⱽⱽ-San. Amt | 4 054 776 | 229 196 | 2. 8.89 | Staf. | 20. 4.41 |
| 942 | Dr. Kaspar Julius | 🎖 | b. Stab Ab. XXXV | — | 293 072 | 7. 4.88 | — | 20. 4.41 |
| 943 | Dehler Franz, ✠ I 🎖🎖🎖 | O | Reichssicherheits-hauptamt | 1 369 536 | 74 732 | 1. 6.88 | Ltn. d. R. a. D. | 20. 4.41 |
| 944 | Hainzl Sepp, 🎖 🎖 M.d.R. | | RuS-Hauptamt | 6 244 196 | 347 118 | 20. 3.88 | — | 20. 4.41 |
| 945 | Dr. Bierkamp Walther | | Insp. Sich. u. SD. Düsseldorf | 1 408 449 | 310 172 | 17.12.01 | — | 20. 4.41 |
| 946 | Dr. Senkowsky Hermann, 🎖🎖 | | b. Stab Ab. XXXI | 1 089 376 | 310 369 | 31. 7.97 | Ltn. d. R. | 20. 4.41 |
| 947 | Dr. Eissfeldt Kurd, ✠ II 🎖 | O | b. Stab RuS-Hauptamt | 1 250 357 | 88 140 | 4.12.00 | Ltn. d. R. | 20. 4.41 |
| 948 | Otte Carlo | O | b. Stab Oa. Nordsee | 402 102 | 24 024 | 20. 5.08 | — | 20. 4.41 |
| 949 | Prof. Dr. Carstens Peter | O | RuS-Hauptamt | 285 696 | 118 431 | 13. 9.03 | — | 20. 4.41 |
| 950 | Dr. Gotzmann Leo, 🎖🎖 Po. Pr., M.d.R. | | Reichssicherheits-hauptamt | 6 186 278 | 393 298 | 14. 7.93 | Ltn. d. R. a. D. | 20. 4.41 |
| 951 | Thiel Robert, 🎖 ✠ II | | b. Stab Oa. Nordwest | 106 447 | 393 310 | 4. 4.09 | — | 20. 4.41 |
| 952 | Müller-Brunckhorst Hans, ✠ I 🎖🎖🎖✠ II | | b. Stab Oa. Westmark | 1 864 321 | 323 001 | 14. 1.93 | Oberst d.Sch.P. | 15. 5.41 |
| 953 | Lie Jonas, ✠ II St. Rat | | b. Stab Oa. Nord | — | 401 276 | 31.12.99 | Hstuf. d. R. | 21. 5.41 |
| 954 | Handl Rudolf, 🎖 | | Stammabt. 90 | — | 337 288 | 17. 4.87 | Oberst d. Gend. | 15. 6.41 |
| 955 | Groeneveld Egon, ✠ I 🎖🎖🎖 | | b. Stab Ab. XXXXV | 5 261 596 | 393 355 | 25. 6.76 | Gen. Major z.V. | 15. 6.41 |
| 956 | Hierthes Heimo, ✠ II 🎖🎖 | 🎖 | Kdr. ⱽⱽ-I. R. 8 | 2 945 974 | 282 042 | 25. 7.97 | Staf. | 21. 6.41 |
| 957 | Priess Hermann, ✠ I 🎖 | 🎖 | Kdr. Art. Rgt. ⱽⱽ-T. Div. | 1 472 296 | 113 258 | 24. 5.01 | Staf. | 21. 6.41 |
| 958 | Dr. Siebert Fritz | 🎖 | b. Stab Oa. Süd | 434 120 | 268 998 | 22. 8.03 | — | 21. 6.41 |
| 959 | Dr. Hoffmann Kurt | 🎖 | b. ⱽⱽ-Personal-hauptamt | 2 633 555 | 308 236 | 24.11.99 | Oberstarzt d. Sch. P. | 1. 7.41 |
| 960 | Jehle Walter, ✠ II | | b. ⱽⱽ-Führg. Hauptamt | 7 547 425 | 401 210 | 16. 5.02 | — | 1. 7.41 |
| 961 | Ohling Richard, 🎖 ✠ II M.d.R. | | 58. Sta. | 19 402 | 401 368 | 9. 1.08 | Ltn. d. R. | 1. 8.41 |
| 962 | Wagner Jürgen, ✠ I | 🎖 | Kdr. ⱽⱽ-Rgt. Deutschland | 707 279 | 23 692 | 9. 9.01 | Staf. | 1. 9.41 |
| 963 | von Bünau Heinrich, ✠ I 🎖🎖🎖 | | b. Stab Ab. XIII | 943 952 | 277 342 | 23. 1.86 | Major d. R. | 1. 9.41 |
| 965 | Dr. Jencio Horst | 🎖 | ⱽⱽ-Pol. Div. | 711 746 | 36 543 | 27. 2.03 | Staf. | 1. 9.41 |
| 966 | Dr. Kopperschmidt Hans | O | Reichssicherheits-hauptamt | 709 987 | 48 136 | 1. 3.88 | O. Stabsarzt d. R. | 1. 9.41 |

| Lfde Nr. | Name, Vorname | Degen/Ring | Dienststellung | Partei-Nr. | ᛋᛋ-Nr. | Geburtsdatum | Führer- bzw. Offz.-Dienstgrad bei der Waffen-ᛋᛋ, Wehrmacht, Polizei | Standartenführer |
|---|---|---|---|---|---|---|---|---|
| 967 | Dorn Wilhelm, ✠ I ✠ ✠ | O | Reichssicherheits-hauptamt | 244 080 | 280 470 | 16. 6.96 | — | 1. 9.41 |
| 968 | Dr. Unbehaun Gerd, ✠ II | ⓓ | ᛋᛋ-Div. Wiking | 1 121 214 | 33 025 | 1. 4.03 | Staf. | 1. 9.41 |
| 969 | Dr. Fehrensen Wilhelm, ✠ II ✠ | ⓓ | ᛋᛋ-San. Amt | 2 703 286 | 276 829 | 12.12.98 | Staf. | 1. 9.41 |
| 970 | Nordmann Fritz, ✠ I ✠ | | ᛋᛋ-Führg. Hauptamt | 1 011 685 | 382 354 | 10. 9.89 | Staf. | 1. 9.41 |
| 971 | Dr. Fehlis Heinrich | ⓓ | Befehlshaber Sich.P. u. SD Oslo | 2 862 366 | 272 255 | 1.11.06 | Oberstltn. d. P. | 13. 9.41 |
| 972 | Dr. Hannemann Hans, ✠ I ✠ ✠ | | b. Stab Oa. West | — | 310 382 | 20. 9.77 | Oberstarzt d. Sch. P. | 1.10.41 |
| 973 | Dr. Remstedt Heinrich, ✠ I ✠ ✠ | | Stab Ab. XXXI | 1 864 332 | 327 416 | 21.11.84 | Oberstarzt d. Sch. P. | 1.10.41 |
| 974 | Karrasch Alfred, ✠ I ✠ ✠ | | Befehlshaber W. ᛋᛋ Nordwest | 2 131 246 | 405 892 | 26. 1.89 | Oberst d.Sch.P. | 1.10.41 |
| 975 | Hellwig Otto, ✠ ✠ | ⓓ | ᛋᛋ-Pol. F. Shitomir | 2 155 531 | 272 289 | 24. 2.98 | Oberst d. P. | 9.10.41 |
| 976 | Dr. Böttcher Herbert, Po. Pr. | | b. Stab Ab. XXX | — | 323 036 | 24. 4.07 | — | 9.10.41 |
| 977 | Böhme Horst | ⓓ | Befehlshaber Sich.P. u. SD Prag | 236 651 | 2 821 | 24. 8.09 | Oberstltn. d. P. | 29.10.41 |
| 978 | Dr. Geschke Hans | ⓓ | Reichssicherheits-hauptamt | 945 891 | 107 467 | 16. 5.07 | — | 29.10.41 |
| 979 | Kohlroser Martin, ✠ | ⓓ | Kdr. ᛋᛋ-I. R. 7 | 371 577 | 3 149 | 8. 1.05 | Staf. | 9.11.41 |
| 980 | Thole Heinrich | ⓓ | Stab RuS-Hauptamt, Chef Amt VI | 2 574 769 | 253 629 | 7. 5.02 | Stubaf. (S) | 9.11.41 |
| 981 | Dr. Achamer-Pifrader Humbert, ✠ ✠ | ⓓ | Insp. Sich. P. u. SD Wiesbaden | 614 104 | 275 750 | 21.11.00 | — | 9.11.41 |
| 982 | Weilguny Franz, ✠ | O | b. Stab Oa. Donau | 53 774 | 2 390 | 16. 8.03 | — | 9.11.41 |
| 983 | Neurath Heinrich, ✠ I ✠ | ⓓ | F. 19. Sta. | 322 159 | 19 417 | 19. 7.87 | Hstuf. (S) | 9.11.41 |
| 984 | Zupke Hans, ✠ I ✠ ✠ ✠ | ⓓ | b. ᛋᛋ-Personal-hauptamt | 5 848 586 | 310 482 | 27. 3.93 | Oberst d.Sch.P. | 9.11.41 |
| 985 | Faust Willibald, ✠ II ✠ ✠ | O | F. 3. Sta. | 141 017 | 32 448 | 16. 4.83 | — | 9.11.41 |
| 986 | Ehrlich Heinrich, ✠ ✠ II ✠ ✠ | ⓓ | ᛋᛋ-Standortverw. München | 10 127 | 276 747 | 18.12.92 | Staf. | 9.11.41 |
| 987 | Prof. Dr. Wehofsich Franz | ⓓ | Hauptamt Volksd. Mittelstelle | 1 517 846 | 275 940 | 13. 3.01 | — | 9.11.41 |
| 988 | Scholtz Walter | ⓓ | Stab RuS-Hauptamt | 7 615 | 248 720 | 29.10.99 | — | 9.11.41 |
| 989 | Lüdtke Kurt, ✠ ✠ II ✠ M.d.R. | ⓓ | RuS-Hauptamt | 99 704 | 14 531 | 18. 9.98 | — | 9.11.41 |
| 990 | Dr. Meindl Georg, ✠ | ⓓ | b. Stab Oa. Donau | — | 308 208 | 1. 3.99 | Ltn. d. R. a. D. | 9.11.41 |
| 991 | Borchert Alfred, ✠ I ✠ ✠ | | Stammabt. 44 | 1 864 274 | 337 316 | 5.12.91 | Oberst d.Sch.P. | 9.11.41 |
| 992 | Fiedler Alfred | | b. Stab Oa. Nordost | 715 887 | 337 774 | 21.10.07 | — | 9.11.41 |
| 993 | Baier Johannes, ✠ II ✠ | ⓓ | Kdr. ᛋᛋ-Verw. Sch. Dachau | 2 572 143 | 279 458 | 4.11.93 | Staf. | 9.11.41 |
| 994 | Kamlah Adolf, ✠ ✠ II ✠ | O | b. Stab Oa. Ostsee | 8 259 | 245 370 | 11. 1.99 | Ltn. d. R. | 9.11.41 |
| 995 | Tittelbach Franz, ✠ I ✠ ✠ | | b.StabAb.XXXVII | 8 419 695 | 353 185 | 20.12.77 | Oberstltn. a. D. | 9.11.41 |
| 996 | Dr. Blume Walter | ⓓ | Reichssicherheits-hauptamt, Gruppenleiter | 3 282 505 | 267 224 | 23. 7.06 | — | 9.11.41 |
| 997 | Dr. Ehlich Hans | ⓓ | Reichssicherheits-hauptamt | 821 556 | 172 416 | 1. 7.01 | — | 9.11.41 |
| 998 | Prof. Dr. Schultz Bruno | O | Stab RuS-Hauptamt, Chef Amt I | 935 761 | 71 679 | 3. 8.01 | — | 9.11.41 |

| Lfde. Nr. | Name, Vorname | Degen/Ring | Dienststellung | Partei-Nr. | SS-Nr. | Geburts-datum | Führer- bzw. Offz.-Dienstgrad bei der Waffen-SS, Wehrmacht, Polizei | Standartenführer |
|---|---|---|---|---|---|---|---|---|
| 999 | Hansen Henrich, ✠ II ⦿⦿⦿ | ⚔ | b. Stab SS-Hauptamt | 3 548 111 | 323 764 | 6. 4.95 | Ltn. d. R. a. D. | 9.11.41 |
| 1000 | Eggersdorf Hans, ✠ I ⦿⦿ | ⚔ | z. Zt. Kdr. Nachsch. SS-Div. Wiking | 2 084 185 | 290 319 | 3.11.89 | Staf. d. R. | 9.11.41 |
| 1001 | Spitzer Erich, ✠ I ⦿ ✠ II | | b. Stab Ab. XXXX | — | 357 124 | 19. 9.89 | Obltn. d. R. a. D. | 9.11.41 |
| 1002 | Montua Max, ✠ I ⦿⦿⦿ ✠ II | | b. SS-Personalhauptamt | 1 988 331 | 411 971 | 18. 5.86 | Oberst d. Sch. P. | 9.11.41 |
| 1003 | Baehren Paul, ✠ I ⦿⦿ | | b. Stab Ab. XXXIX | 2 092 523 | 340 709 | 1. 4.93 | Oberst d. Sch. P. | 21.12.41 |
| 1004 | Hitschler Konrad, ✠ I ⦿⦿⦿⦿ | | b. SS-Personalhauptamt | 3 268 486 | 405 896 | 21.12.96 | Oberst d. Gend. | 21.12.41 |
| 1005 | Dr. Eregger Johann, ⦿ | | Stammabt. 27 | 6 165 390 | 401 279 | 7. 8.87 | Oberst d. Gend. | 21.12.41 |
| 1006 | Sacksofsky Günther, ✠ II Po. Pr. | ⚔ | Reichssicherheitshauptamt | 3 104 244 | 111 868 | 24. 9.01 | Ltn. d. R. | 1. 1.42 |
| 1007 | Dr. Adam Gerhard, ✠ I ⦿ | ⚔ | Dienststelle »Heissmeyer« | 172 165 | 19 159 | 23.11.07 | Hstuf. d. R. | 30. 1.42 |
| 1008 | Götze Erich, ✠ II ⦿⦿ | O | Reichssicherheitshauptamt | 264 301 | 8 449 | 16.10.96 | — | 30. 1.42 |
| 1009 | Fick Ernst, ✠ II ⦿⦿ ✠ II | ⚔ | Kdr. SS-Ausb. L. Sennheim | 124 087 | 2 853 | 5. 2.98 | Staf. | 30. 1.42 |
| 1010 | Degenhart Christof, ⦿ ✠ II ⦿⦿ | ⚔ | Insp. Stammabt. Main | **6 571** | 4 914 | 21. 3.98 | — | 30. 1.42 |
| 1011 | Eirenschmalz Franz, ⦿ | ⚔ | SS-W.-V. Hauptamt | 644 902 | 10 051 | 20.10.01 | Staf. | 30. 1.42 |
| 1012 | Müller Francis, ⦿ | ⚔ | F. 22. Sta. | **89 869** | 3 876 | 17. 7.03 | Ltn. d. R. | 30. 1.42 |
| 1013 | Dr. Ringleb Otto | | b. SS-Personalhauptamt | — | 284 656 | 17. 5.75 | — | 30. 1.42 |
| 1014 | Krieg Paul, ⦿ Po. D. | ⚔ | Reichssicherheitshauptamt | **62 099** | 12 775 | 29. 7.01 | Hptm.d.Sch.P. a. D. | 30. 1.42 |
| 1015 | Lörner Hans, ✠ I ⦿⦿ | ⚔ | SS-W.-V. Hauptamt | 873 855 | 83 683 | 6. 3.93 | Staf. | 30. 1.42 |
| 1016 | Henning Ernst, ⦿ | O | RuS-Hauptamt | **88 178** | 276 588 | 10. 2.07 | — | 30. 1.42 |
| 1017 | Petersen Karl, ✠ II | O | Stab Ab. XV | 299 284 | 9 451 | 13. 8.00 | — | 30. 1.42 |
| 1018 | Dr. Voss Wilhelm, ✠ II ⦿⦿ | ⚔ | Pers. Stab RF SS | — | 107 241 | 1. 7.96 | — | 30. 1.42 |
| 1019 | Hübner Herbert, ⦿ | ⚔ | Stab RuS-Hauptamt | 947 027 | 30 828 | 7. 8.02 | — | 30. 1.42 |
| 1020 | Kloth Albert | ⚔ | Pers. Stab RF SS, L. Rohstoffstelle | 1 246 441 | 34 424 | 3. 1.05 | — | 30. 1.42 |
| 1021 | Dr. Luig Wilhelm | ⚔ | Hauptamt Volksd. Mittelstelle | 2 064 693 | 309 074 | 30. 9.00 | — | 30. 1.42 |
| 1022 | Picot Werner | ⚔ | b. Stab SS-Hauptamt | 475 135 | 258 279 | 7. 6.03 | — | 30. 1.42 |
| 1023 | Eymer Wolfgang, ⦿ | O | b. Stab Oa. Ostsee | 97 607 | 15 432 | 12. 6.05 | — | 30. 1.42 |
| 1024 | Prietzel Kurt, ✠ II ⦿⦿ | ⚔ | SS-W.-V. Hauptamt | 4 158 931 | 276 744 | 29. 4.97 | Staf. | 30. 1.42 |
| 1025 | Rühle Gerd, ⦿ M.d.R. | ⚔ | Reichssicherheitshauptamt | **694** | 290 | 23. 3.05 | — | 30. 1.42 |
| 1026 | Müller Franz, ✠ I ⦿ | O | Pers. Stab RF SS | 2 225 286 | 277 284 | 29. 4.90 | — | 30. 1.42 |
| 1027 | Dr. Streit Hanns, ✠ II ⦿⦿ | | Reichssicherheitshauptamt | 826 154 | 335 651 | 3. 7.96 | Ltn. d. R. | 30. 1.42 |
| 1028 | Altvater Karlotto, ✠ I ⦿⦿ ✠ II | | b. Stab Oa. Spree | 3 075 910 | 244 042 | 4. 9.85 | Kpt. z. S. a. D. | 30. 1.42 |

# Nachtrag

zu Nr. 50   ⚡⚡-Gruppenführer Moder Paul ist am 8. 2. 1942 gefallen.

zu Nr. 551   ⚡⚡-Oberführer Dr. Krieger Rudolf ist am 16. 2. 1942 gestorben.

# Alphabetisches Verzeichnis

## A

Abetz Otto .................. 265
Achamer-Pifrader Dr. Humbert 981
Adam Dr. Gerhard .......... 1007
Adam Ludwig................ 448
Adams Josef ................ 370
Ahrens Georg .............. 143
Albert Dr. Wilhelm ......... 155
Alpers Friedrich ............ 81
d'Alquen Gunter ............ 641
Althaus Hermann ........... 920
Altner Georg................ 271
Altvater Karlotto ........... 1028
Altvater-Mackensen Arno .... 366
Alvensleben von Ludolf ... 186, 681
Amann Max ................. 10
d'Angelo Karl .............. 600
Arent von Benno............ 506
Arnold Alfred .............. 304
Asmus Georg ............... 757
Asmus Wilhelm ............. 628
Aumeier Georg ............. 272

## B

Bach von dem Erich ........ 25
Bach Dr. Jakob ............. 207
Bachl Eduard .............. 388
Backe Herbert ............. 63
Bader Dr. Kurt ............. 225
Baehren Paul ............... 1003
Baier Johannes ............. 993
Ballauff Werner ............ 539
Balz Dr. Hans .............. 313
Barth Fritz ................. 635
Barthel Richard ............. 818
Bartsch Kurt................ 872
Bassewitz-Behr Graf von Georg 251
Bauer Alfred ............... 471
Bauer Joseph .............. 168
Baumgart Dr. Hermann ..... 662
Baur Hans .................. 275
Baur Wilhelm .............. 703
Bauszus Hans .............. 131
Bayer Otto ................. 769
Beck Alois.................. 672
Beck Jakob ................. 930
Beck Johann ............... 294
Becker Herbert ............ 177
Beckh Ritter von Albert .... 189
Behr von Max ............. 134
Behrends Dr. Hermann ..... 235
Belbe Max ................. 636
Bene Otto .................. 465
Benn Curt .................. 810
Benson Kurt ............... 284
Berger Gottlob ............ 82
Berkelmann Theodor ....... 38
Berndt Alfred .............. 432
Berndt Dr. Wilhelm ........ 941
Bernhardt Johannes ........ 699
Bertling Heinz ............. 829
Bertsch Dr. Walter ......... 518

Best Dr. Werner ............ 152
Bettenhäuser Willi ......... 644
Bickler Dr. Hermann ....... 879
Bierkamp Dr. Walther ...... 945
Biermann Wilhelm .......... 935
Bilgeri Dr. Georg .......... 752
Bismarck-Schönhausen Graf
  von Gottfried ............ 423
Bittrich Willi ............... 237
Blaschke Hanns ............ 498
Blaschke Hugo ............. 504
Blobel Paul ................ 913
Blumberg Karl ............. 827
Blume Dr. Walter .......... 996
Blumenreuter Dr. Carl ..... 516
Bock Fritz .................. 934
Bock Karl .................. 287
Böhme Horst ............... 977
Boepple Dr. Ernst .......... 280
Börger Wilhelm ............ 147
Bösel Rudolf ............... 718
Boess Walther ............. 711
Böttcher Dr. Herbert ....... 976
Böttcher Dr. Viktor ........ 513
Böttger Max ................ 693
Bohle Ernst Wilhelm ....... 57
Bolek Andreas ............. 133
Bomhard von Adolf ........ 77
Bonness Otto .............. 320
Bonnet Hans ............... 616
Borchert Alfred ............ 991
Bork Arthur ................ 315
Bormann Martin ........... 18
Bornhausen Eduard ........ 353
Boschmann Friedrich ...... 846
Bouhler Philipp ............ 12
Bracht Werner ............. 83
Brack Viktor ............... 469
Braemer Walter ............ 136
Brand Maximilian .......... 431
Brandner Willi ............. 372
Brantenaar Paul ........... 640
Brasack Curt ............... 342
Brass Otto ................. 273
Braun Robert .............. 764
Breithaupt Franz ........... 139
Brenner Karl ............... 267
Breuer Konrad ............. 766
Brinkmann Rudolf .......... 377
Brockhausen Ralf .......... 882
Bröking Karl ............... 292
Brohmann Dr. Joachim .... 688
Brunner Eugen ............. 683
Brunner Karl ............... 821
Brustmann Dr. Martin ..... 756
Bub Dr. Heinz ............. 902
Buch Walter ............... 6
Buchmann Erich ........... 654
Bünau von Heinrich ....... 963
Bürckel Josef .............. 41
Buntru Prof. Dr. Alfred ... 840
Burk Karl .................. 892
Burkhart Johann ........... 633
Burmann Heinrich ......... 687

## C

Caesar Dr. Joachim ........ 394
Calliebe Otto .............. 898
Carstens Prof. Dr. Peter ... 949
Cassel Erich ............... 356
Cerff Karl .................. 397
Christoph Edmund ......... 686
Claassen Franz ............ 216
Claassen Günther .......... 328
Conti Dr. Leonardo ........ 92
Creutz Rudolf ............. 549
Croneiss Theo ............. 142
Crux Hermann ............. 860
Cummerow Hermann ...... 149

## D

Dadieu Dr. Armin .......... 561
Dahm Paul ................. 680
Dalski Egon ................ 777
Daluege Kurt .............. 4
Dame Ernst ................ 806
Damzog Ernst ............. 508
Daniels Edler von Herbert . 647
Darré R. Walther .......... 5
Dassler Herbert ........... 740
Dauser Hans ............... 167
David Dr. Herbert ......... 464
Debes Lothar .............. 546
Degenhart Christof ........ 1010
Dehler Franz .............. 943
Deininger Johann ......... 455
Dellbrügge Dr. Hans ...... 486
Dellenbusch Karl-Eugen ... 460
Demelhuber Karl ........... 200
Demme Karl ............... 861
Denz Dr. Egon ............. 831
Dermietzel Dr. Friedrich .. 363
Dernehl Friedrich .......... 606
Dethof Hermann ........... 637
Deubel Heinrich ............ 277
Deuschl Dr. Hans .......... 303
Diebitsch Karl .............. 772
Diehm Christoph ........... 113
Diels Rudolf ................ 400
Diesterweg Gustav ......... 451
Dietrich Hans .............. 595
Dietrich Hermann .......... 361
Dietrich Josef .............. 3
Dietrich Dr. Otto ........... 20
Dill Dr. Gottlob ............ 438
Dillgardt Just .............. 413
Dittjen Wilhelm ............ 536
Doehle Dr. Heinrich ....... 484
Dörffler-Schuband Werner . 885
Döring Hans ............... 270
Dörnberg Dr. Frhr. von
  Alexander ................ 483
Donnevert Dr. Richard .... 496
Dorn Wilhelm ............. 967
Drape Rudolf .............. 834
Dreher Wilhelm ........... 118
Drendel Karl .............. 854

| Name | No. | Name | No. | Name | No. |
|---|---|---|---|---|---|
| Dressler Arno | 610 | Frentzel Karl | 694 | Gudewill Dr. Walter | 893 |
| Dufais von Wilhelm | 457 | Frey Kurt | 293 | Günther Wilhelm | 542 |
| Dunckern Anton | 405 | Freyberg Alfred | 126 | Gütt Dr. Arthur | 140 |
| | | Fridrich Dr. Hans | 780 | Gunst Walter | 596 |
| **E** | | Friedrich Max | 310 | Gutenberger Karl | 183 |
| | | Friedrichs Helmuth | 260 | Gutterer Leopold | 198 |
| Ebenböck Fritz | 713 | Fritsch Dr. Karl | 119 | | |
| Eberhard Kurt | 480 | Fritsch Lothar | 173 | **H** | |
| Eberstein Frhr. von Karl | 11 | Fromm Werner | 886 | | |
| Ebner Dr. Gregor | 406 | Frosch Edmund | 823 | Haan Adolf | 800 |
| Ebrecht George | 332 | Fuchs Dr. Wilhelm | 700 | Habbes Wilhelm | 645 |
| Eckhardt Dr. Georg | 297 | Füss Simon | 621 | Haertel Dr. Hermann | 263 |
| Eckhardt Paul | 481 | | | Haertel Max | 858 |
| Eggeling Joachim | 56 | **G** | | Haidn Matthias | 468 |
| Eggerdinger Max | 720 | | | Hainzl Sepp | 944 |
| Egersdorff Hans | 1000 | Gärtner Heinrich | 319 | Hallermann Dr. August | 639 |
| Ehlich Dr. Hans | 997 | Galke Bruno | 880 | Haltermann Hans | 176 |
| Ehrlich Heinrich | 986 | Gareis Heinrich | 422 | Hamann Dr. Ehrhardt | 843 |
| Eicke Theodor | 45 | Gebhardt Prof. Dr. Karl | 236 | Hammer Martin | 850 |
| Eigruber August | 74 | Gehrhardt Friedrich | 622 | Hammer Max | 813 |
| Einspenner Richard | 572 | Genzken Dr. Karl | 231 | Handl Rudolf | 954 |
| Eirenschmalz Franz | 1011 | Georgii Dr. Sigfrid | 281 | Hanke Karl | 88 |
| Eisenkolb Hans | 786 | Gerlach Walter | 386 | Hannemann Dr. Hans | 972 |
| Eissfeldt Dr. Kurd | 947 | Gerlach Prof. Dr. Werner | 570 | Hansen Henrich | 999 |
| Ellermeier Walter | 724 | Gerland Karl | 475 | Hansen Peter | 262 |
| Ellersiek Kurt | 569a | Gerloff Prof. Dr. Helmuth | 264 | Harm Hermann | 125 |
| Eltz-Rübenach Frhr. von Kuno | 629 | Gerner Heinrich | 675 | Harnys Hans | 255 |
| Engel Johann | 256 | Geschke Dr. Hans | 978 | Harster Dr. Wilhelm | 550 |
| Engelhardt Carl | 517 | Giebeler Erich | 712 | Hartenstein Eugen | 634 |
| Engelhardt Ernst | 650 | Giesecke Gustav | 307 | Hartenstein Wilhelm | 254 |
| Engert Karl | 412 | Gille Herbert | 527 | Hartmann Ernst | 556 |
| Engler-Füsslin Fritz | 618 | Glasmeier Dr. Heinrich | 420 | Hausamen Dr. Fritz | 584 |
| Eregger Dr. Johann | 1005 | Glaß Fridolin | 706 | Hauser Friedrich | 187 |
| Ernst Dr. Robert | 868 | Glatzel Alfons | 160 | Hausleiter Leo | 738 |
| Eschholdt Ludwig | 729 | Globocnik Odilo | 165 | Hausser Paul | 23 |
| Ettel Erwin | 210 | Glücks Richard | 220 | Hayler Dr. Franz | 436 |
| Eymer Wolfgang | 1023 | Gnade Albert | 579 | Hebron Bruno | 609 |
| | | Goecke Wilhelm | 669 | Hecker Ewald | 375 |
| **F** | | Goedicke Bruno | 222 | Heider Otto | 258 |
| | | Görecke Oskar | 870 | Heimburg von Erik | 805 |
| Faist Michael | 336 | Götze Erich | 1008 | Heissmeyer August | 15 |
| Falkowski von Leo | 869 | Goetze Friedemann | 137 | Heitz Georg | 581 |
| Fanslau Heinz | 632 | Goltz Frhr. von der Friedrich | 414 | Heldman Constantin | 717 |
| Faust Willibald | 985 | Gottberg von Curt | 392 | Helldobler Franz | 817 |
| Fegelein Hermann | 659 | Gotzmann Dr. Leo | 950 | Hellwig Otto | 975 |
| Fehlis Dr. Heinrich | 971 | Gourdet Willi | 737 | Helwig Hans | 326 |
| Fehrensen Dr. Wilhelm | 969 | Graeschke Dr. Walter | 269 | Henlein Konrad | 68 |
| Feichtmayr Otto | 735 | Graf Alfons | 627 | Hennicke Paul | 60 |
| Feil Hanns | 358 | Graf Ulrich | 321 | Henning Ernst | 1016 |
| Feldmann Gerhard | 798 | Granzow Walter | 127 | Henschel Theodor | 796 |
| Fett Albert | 174 | Grauert Ludwig | 115 | Henze Max | 112 |
| Fick Ernst | 1009 | Grawitz Prof. Dr. Ernst-Robert | 91 | Herbert Willy | 574 |
| Fiedler Alfred | 992 | Greifelt Ulrich | 89 | Herf Eberhard | 268 |
| Fiedler Richard | 161 | Greiser Arthur | 42 | Herff von Maximilian | 442 |
| Fiehler Karl | 31 | Grieser Horst | 844 | Herrmann Fritz | 396 |
| Fischböck Dr. Hans | 243 | Grimm Wilhelm | 44 | Herrmann Karl | 856 |
| Fischer Bernhard | 520 | Grimme Karl-Franz | 725 | Herwig Karl | 488 |
| Fischer Franz | 296 | Griphan Walter | 900 | Heske Ferdinand | 760 |
| Fischer Dr. Hans | 543 | Gritzbach Dr. Erich | 365 | Hesse Dr. Wilhelm | 832 |
| Fischer Dr. Hermann | 808 | Groeneveld Egon | 955 | Hessen Prinz von Christoph | 419 |
| Fischer Karl | 889 | Groeneveld Jaques | 642 | Hettesheimer Ludwig | 931 |
| Fitzthum Josef | 355 | Grolman von Wilhelm | 340 | Heuckenkamp Dr. Rudolf | 534 |
| Flasche August | 906 | Gross Hermann | 912 | Heusmann Ludwig | 863 |
| Fleischmann Willibald | 679 | Gross Martin | 368 | Heusser Oskar | 814 |
| Florstedt Hermann | 689 | Grossmann Dr. Erich | 439 | Hewel Walther | 472 |
| Forster Albert | 28 | Grote Graf Friedrich | 538 | Heydrich Reinhardt | 22 |
| Frank August | 175 | Grote Dr. Heinrich | 369 | Hierthes Heimo | 956 |
| Frank Karl Hermann | 71 | Grünwald Hans-Dietrich | 845 | Hildebrandt Ernst | 908 |
| Franz Hermann | 925 | Grussendorf Oskar | 878 | Hildebrandt Friedrich | 30 |

| Name | Page |
|---|---|
| Hildebrandt Fritz | 785 |
| Hildebrandt Richard | 36 |
| Hilgenfeldt Erich | 151 |
| Himmler Heinrich | 1 |
| Hinkel Hans | 192 |
| Hinsch Hans | 571 |
| Hintze Kurt | 257 |
| Hitschler Konrad | 1004 |
| Hitzegrad Ernst | 249 |
| Hock Dr. Oskar | 904 |
| Höhn Dr. Reinhard | 744 |
| Höring Emil | 242 |
| Hofbauer Bruno | 763 |
| Hoff Dr. von Richard | 407 |
| Hoffmann Albert | 788 |
| Hoffmann Karl | 525 |
| Hoffmann Dr. Kurt | 959 |
| Hoffmeyer Horst | 530 |
| Hofmann Otto | 84 |
| Hofmann Dr. Philipp | 533 |
| Holfelder Prof. Dr. Albert | 873 |
| Holfelder Prof. Dr. Hans | 630 |
| Hollfelder Dr. Lorenz | 926 |
| Holzschuher Frhr. von Wilhelm | 47 |
| Honig Dr. Friedrich | 905 |
| Hornung Konrad | 437 |
| Hube Fritz | 855 |
| Huber Franz Josef | 545 |
| Hübner Herbert | 1019 |
| Hülsenkamp Fritz | 566 |
| Humann-Hainhofen von Rolf | 130 |
| Humps Max | 576 |
| Huth Wilhelm | 190 |

## I

| Name | Page |
|---|---|
| Ihle Wilhelm | 401 |
| Ihlert Heinrich | 767 |
| Illgner Dr. Hans | 453 |

## J

| Name | Page |
|---|---|
| Jacobsen Dr. Rudolf | 816 |
| Jaeger Dr. Hermann | 899 |
| Jäger Karl | 875 |
| Jaegy Franz | 169 |
| Jaeschke Otto | 774 |
| Jakober August | 631 |
| Janowsky Wilhelm | 652 |
| Jansen Quirin | 842 |
| Jeckeln Friedrich | 13 |
| Jedicke Georg | 98 |
| Jehle Walter | 960 |
| Jena von Leo | 217 |
| Jencio Dr. Horst | 965 |
| Jeppe Wilhelm | 291 |
| Johst Hanns | 104 |
| Jost Heinz | 156 |
| Jürs Heinrich | 148 |
| Jüttner Hans | 86 |
| Jung Dr. Heinrich | 936 |
| Jung Dr. Karl | 331 |
| Jung Rudolf | 208 |
| Jungclaus Richard | 526 |
| Jungkunz Otto | 323 |
| Jungnickel Walter | 684 |
| Jury Dr. Hugo | 76 |

## K

| Name | Page |
|---|---|
| Kaaserer Richard | 474 |
| Kagelmann Alfred | 761 |
| Kaltenbrunner Dr. Ernst | 67 |
| Kamlah Adolf | 994 |
| Kammerhofer Konstantin | 204 |
| Kammler Dr. Hans | 512 |
| Kamptz von Jürgen | 78 |
| Kanne Frhr. von Bernd | 128 |
| Kanstein Paul | 440 |
| Karrasch Alfred | 974 |
| Kaspar Dr. Julius | 942 |
| Kasper Rudolf | 479 |
| Katz Dr. Adolf | 335 |
| Katzmann Fritz | 229 |
| Kaufmann Franz | 835 |
| Kaufmann Karl | 29 |
| Kaul Curt | 54 |
| Kehrl Hans | 252, 443 |
| Kelz Hans | 349 |
| Kendzia Ernst | 940 |
| Keppler Georg | 108 |
| Keppler Wilhelm | 39 |
| Kernert Dr. Karl | 939 |
| Ketterl Hans | 677 |
| Keudell von Otto | 428 |
| Kinkelin Dr. Wilhelm | 466 |
| Klagges Dietrich | 32 |
| Klein Georg | 552 |
| Kleinheisterkamp Matthias | 245 |
| Kless von Drauwörth Edler Anton | 444 |
| Klingemann Gottfried | 515 |
| Klinger Otto | 179 |
| Kloock Ernst | 673 |
| Klopfer Dr. Gerhard | 266 |
| Kloth Albert | 1020 |
| Knapp Robert | 485 |
| Knapp Viktor | 643 |
| Knecht Max | 665 |
| Knellessen Martin | 716 |
| Knoblauch Kurt | 106 |
| Knöpfler Dr. Richard | 824 |
| Knofe Oskar | 244 |
| Koch Fritz | 334 |
| Koch Dr. Hans | 494 |
| Koch Karl-Otto | 664 |
| Köhn Willi | 239 |
| Koenig Kaspar | 742 |
| Körner Hellmut | 226 |
| Körner Paul | 33 |
| Kohlroser Martin | 979 |
| Kohnert Dr. Hans | 445 |
| Kolbe Hans | 837 |
| Koppe Wilhelm | 37 |
| Kopperschmidt Dr. Hans | 966 |
| Korreng August | 497 |
| Korsemann Gerret | 230 |
| Kozierowski von Heinrich | 748 |
| Kranefuss Fritz | 562 |
| Krebs Hans | 195 |
| Kreissl Dr. Anton | 430 |
| Kretschmann von Ernst | 339 |
| Krichbaum Willi | 778 |
| Krieg Paul | 1014 |
| Krieger Dr. Rudolf | 551 |
| Kroeger Dr. Erhard | 544 |
| Kröger Paul | 732 |
| Krüger Friedrich-Wilhelm | 8 |
| Krüger Kurt | 278 |
| Krueger Dr. Richard | 836 |
| Krüger Walter | 109 |
| Krumhaar Bruno | 794 |
| Kubat Kurt | 691 |
| Kuchenbaecker Fritz | 649 |
| Kühtz Hans | 343 |
| Kuhn Paul | 709 |
| Kurz Dr. Heinz | 751 |
| Kurz Ritter von Karl | 896 |
| Kutschera Franz | 196 |

## L

| Name | Page |
|---|---|
| Lammel Richard | 755 |
| Lammers Dr. Hans | 19 |
| Lange Karl | 449 |
| Langleist Walter | 416 |
| Langoth Franz | 357 |
| Lankenau Dr. Heinrich | 212 |
| Lassak Julius | 657 |
| Laue Theodor | 625 |
| Lauterbacher Hartmann | 87 |
| Leffler Paul | 403 |
| Lehmann Otto | 655 |
| Lehnich Prof. Dr. Oswald | 283 |
| Lenk Georg | 150 |
| Leyser Ernst | 259 |
| Lichtschlag Dr. Walter | 312 |
| Lie Jonas | 953 |
| Lierau Dr. Walter | 848 |
| Likus Rudolf | 408 |
| Linert Gustav | 859 |
| Loeffel Rudolf | 864 |
| Lörner Georg | 218 |
| Lörner Hans | 1015 |
| Loeser Dr. Otto | 874 |
| Lohmann Albert | 743 |
| Lohse Rudolf | 298 |
| Lorenz Werner | 14 |
| Loritz Hans | 288 |
| Lossen Dr. Oscar | 705 |
| Luckner Willy | 329 |
| Ludwig Kurt | 286 |
| Lüdtke Kurt | 989 |
| Luig Dr. Wilhelm | 1021 |
| Lurker Otto | 696 |

## M

| Name | Page |
|---|---|
| Maack Berthold | 122 |
| Mackensen von Hans-Georg | 107 |
| Magnus Axel | 591 |
| Maier Johann | 575 |
| Malsen-Ponickau Frhr. von Erasmus | 111 |
| Manger Heinz | 749 |
| Marotzke Wilhelm | 849 |
| Marrenbach Otto | 461 |
| Martin Dr. Benno | 223 |
| Martin Georg | 771 |
| Martin Peter | 731 |
| Mascus Hellmut | 793 |
| Massow von Ewald | 69 |
| Matthiessen Martin | 505 |
| Maul Reinhold | 916 |
| Maur Dr. von Heinrich | 158 |
| Maurice Emil | 381 |

| Name | Nr. |
|---|---|
| Mayer Dr. Kurt | 909 |
| Mazuw Emil | 49 |
| Meerwald Dr. Willy | 502 |
| Mehlhorn Dr. Herbert | 409 |
| Meier Leo | 923 |
| Meinberg Wilhelm | 102 |
| Meindl Dr. Georg | 990 |
| Meisinger Josef | 833 |
| Menthe Peter | 341 |
| Mentz Curt | 929 |
| Mentzel Prof. Dr. Rudolf | 424 |
| Merk Dr. Günther | 509 |
| Meßner Wilhelm | 773 |
| Metzner Erwin | 345 |
| Metzner Dr. Franz | 779 |
| Meyer C. C. Fritz | 490 |
| Meyer Fritz | 586 |
| Meyer Dr. Johannes | 203 |
| Meyer Prof. Dr. Konrad | 569 |
| Meyszner August | 100 |
| Minke Paul | 830 |
| Mischke Dr. Gerhard | 418 |
| Moder Paul | 50 |
| Möbius Dr. Martin | 783 |
| Möckel Karl | 410 |
| Möller Hinrich | 519 |
| Mörschel Johann | 500 |
| Mohr Dr. Eugen | 532 |
| Montag Fritz | 379 |
| Montua Max | 1002 |
| Moreth Walter | 730 |
| Moser Hilmar | 371 |
| Motz Karl | 338 |
| Mozek Heinz | 590 |
| Mühlmann Dr. Cajetan | 565 |
| Müller Alfred | 582 |
| Müller Erhard | 373 |
| Müller Dr. Erich | 795 |
| Müller Francis | 1012 |
| Müller Franz | 1026 |
| Müller Dr. Friedrich-Wilhelm | 380 |
| Müller Georg-Wilhelm | 853 |
| Müller Dr. Gustav Adolf | 646 |
| Müller Heinrich | 95 |
| Müller Dr. Heinrich | 241 |
| Müller Hermann | 333 |
| Müller Dr. Johannes | 427 |
| Müller Dr. Kurt-Peter | 877 |
| Müller Otto | 489 |
| Mueller Rudolf | 867 |
| Müller-Brunckhorst Hans | 952 |
| Müller-Haccius Prof. Dr. Otto | 467 |
| Murr Wilhelm | 34 |

### N

| Name | Nr. |
|---|---|
| Nägele Josef | 623 |
| Nathusius von Engelhard | 325 |
| Naumann Erich | 364 |
| Naumann Dr. Werner | 354 |
| Nebe Arthur | 96 |
| Neblich Walther | 876 |
| Neumann Erich | 393 |
| Neumann Dr. Ernst | 399 |
| Neumeyer Ernst | 862 |
| Neurath Frhr. von Constantin | 58 |
| Neurath Heinrich | 983 |
| Nieland Dr. Hans | 146 |
| Nigler Dr. Anton | 704 |
| Noatzke Gerhard | 671 |
| Nockemann Dr. Hans | 541 |
| Nöhles Arnold | 883 |
| Nordmann Fritz | 970 |
| Nostitz Paul | 612 |
| Nutzhorn Dr. Gustav | 924 |

### O

| Name | Nr. |
|---|---|
| Oberg Karl | 404 |
| Oberhaidacher Walther | 141 |
| Oberkamp Ritter von Carl | 529 |
| Oehler Dr. Helmuth | 482 |
| Oelhafen von Otto | 99 |
| Oeynhausen Frhr. von Adolf | 211 |
| Ohlendorf Otto | 547 |
| Ohling Richard | 961 |
| Ohnacker Dr. Paul | 741 |
| Opdenhoff Christian | 511 |
| Opländer Walter | 299 |
| Ortlepp Walter | 129 |
| Otte Carlo | 948 |
| Otte Hellmuth | 933 |
| Owens Walter | 768 |

### P

| Name | Nr. |
|---|---|
| Packebusch Herbert | 927 |
| Palten Dr. Günther | 374 |
| Pancke Günther | 65 |
| Parchmann Willi | 224 |
| Paris von Fritz | 746 |
| Pawlowski von Wladimir | 802 |
| Pechmann Frhr. von Albrecht | 682 |
| Pelz Horst | 580 |
| Peper Heinrich | 535 |
| Peter Hermann | 391 |
| Peter Richard | 452 |
| Peters Johann | 762 |
| Peterseil Franz | 733 |
| Petersen Karl | 1017 |
| Petersenn von Walther | 362 |
| Petri Leo | 138 |
| Peucer Karl | 348 |
| Peuckert Rudi | 305 |
| Pfannenschwarz Dr. Karl | 676 |
| Pfannenstiel Dr. Rudolf | 887 |
| Pfeffer-Wildenbruch Karl | 73 |
| Pflaum Guntram | 765 |
| Pflaumer Karl | 172 |
| Pflomm Karl | 120 |
| Phleps Artur | 246 |
| Pichl von Carl | 804 |
| Picot Werner | 1022 |
| Piékarski Felix | 822 |
| Pinter Rupert | 734 |
| Pister Hermann | 747 |
| Plaichinger Julius | 661 |
| Plakolm Dr. Josef | 901 |
| Planitz Edler von der Carl | 129 |
| Plattner Dr. Friedrich | 707 |
| Podbielski von Victor | 415 |
| Pögel Werner | 601 |
| Pohl Oswald | 52 |
| Pohlmeyer Curt | 248 |
| Pokahr Dr. Willi | 638 |
| Popp Emil | 123 |
| Porsche Dr. Ferdinand | 568 |
| Portschy Dr. Tobias | 487 |
| Potzelt Walter | 613 |
| Priess Hermann | 957 |
| Prietzel Kurt | 1024 |
| Proeck von Otto | 314 |
| Pruchtnow Richard | 739 |
| Prützmann Hans | 24 |
| Pückler-Burghaus Graf von Carl | 185 |
| Purucker Erich | 895 |

### Q

| Name | Nr. |
|---|---|
| Querner Rudolf | 79 |

### R

| Name | Nr. |
|---|---|
| Rach Bruno | 663 |
| Raddatz Karl | 668 |
| Radowitz von Ernst | 159 |
| Rafelsberger Walter | 499 |
| Rainer Dr. Friedrich | 75 |
| Rall Gustav | 865 |
| Ramsperger Dr. Hermann | 253 |
| Rasch Dr. Dr. Otto | 201 |
| Rattenhuber Hans | 604 |
| Rauter Hanns | 85 |
| Rechenbach Dr. Horst | 344 |
| Reck Wilhelm | 577 |
| Rediess Wilhelm | 26 |
| Reeder Eggert | 199 |
| Reich Otto | 521 |
| Reinhard Max | 656 |
| Reinhard Wilhelm | 27 |
| Reinhardt Karl | 503 |
| Reinke Helmut | 894 |
| Reinthaller Anton | 209 |
| Reischle Dr. Hermann | 64 |
| Reitter Dr. Albert | 459 |
| Reitzenstein Frhr. von Friedrich | 585 |
| Remstedt Dr. Heinrich | 973 |
| Resenberg Dr. Karl | 698 |
| Rethel Lothar | 510 |
| Retzlaff Dr. Carl | 180 |
| Ribbentrop von Joachim | 17 |
| Richardt Willi | 602 |
| Richter Franz | 708 |
| Richter Joachim | 697 |
| Riege Paul | 80 |
| Rinck Albert | 758 |
| Ring Hans | 384 |
| Ringleb Dr. Otto | 1013 |
| Rinne Dr. Hans | 728 |
| Ritzer Konrad | 787 |
| Roch Heinz | 274 |
| Rodde-Hanau Wilhelm | 389 |
| Rodenbücher Alfred | 46 |
| Röder Wilhelm | 171 |
| Rödern Graf von Max-Erdmann | 781 |
| Rösener Erwin | 94 |
| Rohde Friedrich | 799 |
| Rothardt Dr. Bruno | 524 |
| Ruberg Bernhard | 191 |
| Ruckdeschel Ludwig | 238 |
| Rüdiger Albert | 910 |
| Rüdiger Hans | 425 |
| Rühle Gerd | 1025 |
| Rümann Wilhelm | 308 |
| Rust Dr. Arnold | 914 |

## S

| | |
|---|---|
| Sachs Ernst | 70 |
| Sacksofsky Günther | 1006 |
| Salpeter Dr. Walter | 784 |
| Sammern-Frankenegg Dr. von Ferdinand | 491 |
| Sattler Carl | 282 |
| Sauckel Fritz | 35 |
| Saupert Hans | 135 |
| Saure Prof. Dr. Wilhelm | 456 |
| Sawatzki Heinz | 614 |
| Schade Frhr. von Hermann | 124 |
| Schäfer Johannes | 162 |
| Schäfer Karl | 300 |
| Schaller Richard | 182 |
| Scharf Dr. Friedrich | 411 |
| Scharf Norbert | 658 |
| Scharfe Paul | 51 |
| Scharizer Karl | 206 |
| Schaub Julius | 61 |
| Scheel Dr. Gustav-Adolf | 221 |
| Scheer Paul | 247 |
| Scheider Hans | 563 |
| Schele Frhr. von Werner | 454 |
| Schellin Erich | 667 |
| Scherner Julian | 330 |
| Scherping Ulrich | 153 |
| Schicketanz Dr. Rudolf | 759 |
| Schieber Dr. Walther | 851 |
| Schier Berthold | 573 |
| Schimana Walter | 807 |
| Schimmelpfennig Erich | 811 |
| Schittenhelm Prof. Dr. Alfred | 721 |
| Schlessmann Fritz | 103 |
| Schley Dr. Wilhelm | 723 |
| Schließmann Leonhard | 477 |
| Schlotterer Dr. Gustav | 937 |
| Schlumprecht Dr. Karl | 782 |
| Schlums Friedrich | 557 |
| Schmauser Heinrich | 16 |
| Schmauser Hermann | 611 |
| Schmelcher Willy | 285 |
| Schmelt Albrecht | 421 |
| Schmidt Prof. Dr. Dr. Albrecht | 507 |
| Schmidt Bernhard | 599 |
| Schmidt Felix | 690 |
| Schmidt Friedrich | 164 |
| Schmidt Dr. Paul | 897 |
| Schmidt Rudolf | 809 |
| Schmischke Horst | 615 |
| Schmitt Dr. Kurt | 116 |
| Schmitt Walter | 53 |
| Schmitthenner Prof. Dr. Paul | 385 |
| Schnaus Erich | 915 |
| Schnebel Otto | 714 |
| Schneider Hermann | 770 |
| Schnell Dr. Erich | 847 |
| Schneller Max | 219 |
| Schnoeckel Paul | 839 |
| Schön Willy | 594 |
| Schöngarth Dr. Eberhard | 495 |
| Schoerner Albrecht | 620 |
| Scholtz Walter | 988 |
| Scholz Alfred | 608 |
| Scholz von Fritz | 528 |
| Scholz Dr. Herbert | 583 |
| Schottenheim Dr. Otto | 347 |
| Schrage Erich | 316 |
| Schraufstetter Gottfried | 359 |
| Schreyer Georg | 97 |
| Schröder Fritz | 702 |
| Schröder Frhr. von Kurt | 376 |
| Schröder Walther | 233 |
| Schroeder Wilhelm | 337 |
| Schroers Johannes | 553 |
| Schuberth Fritz | 605 |
| Schüssler Wilhelm | 789 |
| Schuhmann Walter | 828 |
| Schulpig Hans | 715 |
| Schultz Prof. Dr. Bruno | 998 |
| Schultz Karl | 701 |
| Schultz von Dratzig Rudolf | 593 |
| Schultze Dr. Walter | 132 |
| Schulz Bruno | 838 |
| Schulz Erwin | 548 |
| Schulz Helmut | 597 |
| Schulz Robert | 402 |
| Schulze Roland | 617 |
| Schumann Otto | 214 |
| Schuster Karl | 327 |
| Schwab Dr. Otto | 903 |
| Schwabe Dr. Karl | 921 |
| Schwahn Erich | 592 |
| Schwartzkopff Reinhard | 588 |
| Schwarz Franz | 559 |
| Schwarz Franz Xaver | 2 |
| Schwarzenberger Otto | 514 |
| Schwedler Dr. August | 918 |
| Schwedler Hans | 450 |
| Schweitzer Hans | 695 |
| Schwerk Oskar | 157 |
| Schwiering Walter | 492 |
| Seemann Karl | 653 |
| Seidler Walther | 433 |
| Selzner Klaus | 302 |
| Senkowsky Dr. Hermann | 946 |
| Seyffert Dr. Hans | 753 |
| Seyß-Inquart Dr. Arthur | 21 |
| Sieber Georg-Jakob | 852 |
| Siebert Dr. Fritz | 958 |
| Siegert Dr. Rudolf | 866 |
| Siekmeier Heinrich | 367 |
| Siekmeier Heinz | 398 |
| Simon Max | 522 |
| Simon Paul | 417 |
| Singer Josef | 938 |
| Sippel Wilhelm | 791 |
| Six Dr. Franz | 537 |
| Skudlarek Erdmann | 928 |
| Slipek Theodor | 624 |
| Sohst Walter | 745 |
| Sollmann Max | 881 |
| Somann Otto | 911 |
| Sommer Dr. Hans | 792 |
| Sommer Walther | 351 |
| Spacil Josef | 685 |
| Spickschen Erich | 493 |
| Spiegel von und zu Peckelsheim Frhr. Edgar | 564 |
| Spiewok Karl | 776 |
| Spitzer Erich | 1001 |
| Sporrenberg Jakob | 72 |
| Stahl Prof. Dr. Otto | 826 |
| Stahlecker Dr. Walther | 215 |
| Starck Wilhelm | 114 |
| Staudinger Walter | 871 |
| Staudinger Dr. Wilhelm | 678 |
| Steeg Ludwig | 473 |
| Stein Walter | 290 |
| Steinbrinck Otto | 145 |
| Steinbrink Friedrich | 666 |
| Steiner Albert | 478 |
| Steiner Felix | 101 |
| Steinhäuser Dr. Max | 324 |
| Stellrecht Dr. Helmut | 441 |
| Stemmler Willy | 820 |
| Stenger Herbert | 318 |
| Stepp Dr. Walther | 301 |
| Stiebler Heinz | 607 |
| Stölle Gustav | 317 |
| Strathmann Horst | 797 |
| Streckenbach Bruno | 93 |
| Streit Dr. Hanns | 1027 |
| Stroop Jürgen | 434 |
| Stuckart Dr. Wilhelm | 105 |

## T

| | |
|---|---|
| Taubert Siegfried | 66 |
| Taus Karl | 163 |
| Teitge Prof. Dr. Heinrich | 378 |
| Tensfeld Willy | 205 |
| Tesmer Hans | 754 |
| Thermann Frhr. von Edmund | 395 |
| Theuermann Arved | 710 |
| Thiel Robert | 951 |
| Thiele Johannes | 501 |
| Thier Theobald | 476 |
| Thole Heinrich | 980 |
| Thomas Dr. Max | 202 |
| Thüngen Frhr. von Hildolf | 311 |
| Thumser Hans | 648 |
| Thyson Wilhelm | 603 |
| Tittelbach Franz | 995 |
| Tittmann Fritz | 194 |
| Toelpe Friedrich | 790 |
| Tondock Martin | 458 |
| Trabandt Wilhelm | 857 |
| Traupel Wilhelm | 390 |
| Treuenfeld von Karl | 197 |
| Trummler Dr. Hans | 531 |
| Trumpf Arnold | 387 |
| Tscharmann Friedrich | 383 |
| Tschentscher Erwin | 651 |
| Tschimpke Erich | 674 |
| Turner Harald | 90 |
| Turza Walter | 812 |

## U

| | |
|---|---|
| Uebelhör Friedrich | 227 |
| Uhle Uhlrich | 446 |
| Ullmann Otto | 540 |
| Ulmer Hans | 722 |
| Unbehaun Dr. Gerd | 968 |
| Unger Konrad | 276 |
| Uslar von Hans | 726 |

## V

| | |
|---|---|
| Vahlen Prof. Dr. Theodor | 350 |
| Veesenmayer Dr. Edmund | 558 |
| Vetter Karl | 619 |
| Vitzdamm Dr. Heinrich | 890 |
| Vogelsang Franz | 447 |

| | | |
|---|---|---|
| Vogler Anton | 470 | |
| Vogt Fritz | 907 | |
| Volmer Dr. Reginald | 917 | |
| Voss Bernhard | 346 | |
| Voss Oscar | 598 | |
| Voss Dr. Wilhelm | 1018 | |

## W

| | |
|---|---|
| Wächter Dr. Otto | 166 |
| Wächtler Fritz | 55 |
| Wagner Jürgen | 962 |
| Wagner Dr. Richard | 306 |
| Wahl Karl | 48 |
| Waldeck und Pyrmont Erbprinz zu Josias | 9 |
| Waldschmidt Prof. Dr. Arnold | 922 |
| Walter Paul | 692 |
| Wander Carl | 750 |
| Wappenhans Waldemar | 232 |
| Warder-Gunning Adolf | 884 |
| Weber Christian | 121 |
| Weber Dr. Friedrich | 170 |
| Weber Dr. Otto | 193 |
| Wege Kurt | 110 |
| Wegener Paul | 181 |
| Wehofsich Prof. Dr. Franz | 987 |
| Weickert Paul | 589 |
| Weidemann Dr. Dr. Johannes | 932 |
| Weidermann Willy | 295 |
| Weilguny Franz | 982 |
| Weinert Hans | 382 |
| Weinreich Hans | 43 |
| Weiß von Otto | 352 |
| Weiß Rudolf | 144 |
| Weizsäcker Frhr. von Ernst | 261 |
| Wendler Dr. Ernst | 825 |
| Wendler Dr. Richard | 234 |
| Wendt Martin | 240 |
| Wenzel Dr. Ernst | 736 |
| Werlin Jakob | 567 |
| Werner Wilhelm | 117 |
| Wichmann Karl | 819 |
| Wiese Nils-Otto | 815 |
| Wiese und Kaiserswaldau von Walther | 670 |
| Wiesner Rudolf | 462 |
| Wigand Arpad | 360 |
| Will Paul | 554 |
| Willich Hellmut | 523 |
| Willikens Werner | 62 |
| Wimmer Dr. Friedrich | 463 |
| Winkelmann Otto | 555 |
| Winkelnkemper Dr. Toni | 803 |
| Winkler Gerhard | 213 |
| Wintersteiger Anton | 435 |
| Woedtke von Alexander | 587 |
| Wölbing Dr. Willy | 801 |
| Woermann Dr. Ernst | 560 |
| Woikowski-Biedau von Wilhelm | 660 |
| Wolff Dr. von Günther | 775 |
| Wolff Karl | 40 |
| Wolkersdörfer Hans | 322 |
| Wolpers Carl | 841 |
| Worm Paul | 888 |
| Woyrsch von Udo | 7 |
| Wünnenberg Alfred | 250 |
| Wüst Dr. Walther | 891 |
| Wulff Ernst | 919 |
| Wulffen von Gustav | 154 |
| Wysocki Lucian | 184 |
| Wystrach Hans | 289 |

## Z

| | |
|---|---|
| Zahn Konrad | 578 |
| Zech Karl | 59 |
| Zehring Arno | 719 |
| Zeller Robert | 279 |
| Zenner Carl | 228 |
| Zimmermann Paul | 188 |
| Zindel Dr. Karl | 727 |
| Zippelius Dr. Friedrich | 426 |
| Zittel Theodor | 626 |
| Zschintzsch Werner | 309 |
| Zupke Hans | 981 |

# PHOTO SECTION

Above: Karl Pfeffer-Wildenbruch

Above right: Erhard Müller

Right: Emil Mazuw

Above: Paul Hausser

Above right: Herbert Gille

Right: Josef Dietrich

Above: Felix Steiner

Above right: Matthias Kleinheisterkamp

Right: Alfred Rodenbücher

*Above:* Friedrich Jeckeln

*Above right:* Hans Rauter

*Right:* Udo von Woyrsch

*Above left: Reinhard Heydrich*

*Above: Carl-Maria Demelhuber*

*Left: Artur Phleps*

*Above left: Richard Jungclaus*

*Above: Curt von Gottberg*

*Left: Konstantin Kammerhofer*

*Above: Maximilian von Herff*

*Above right: Wilhelm Rediess*

*Right: Gerrett Korsemann*

*August Heissmeyer*

*Otto Hofmann*

*Richard Hildebrandt*

*Berthold Maack*

*Above: Dr. Wilhelm Stuckart*

*Above right: Theodor Eicke*

*Right: Willi Brandner*

*Above: Richard Glücks*

*Above right: Kurt Daluege*

*Right: Josias von Waldeck-Pyrmont*

*Above left: Gottlob Berger*

*Left: Ernst Kaltenbrunner*

*Above: Kurt Wege*

*Above: Otto Brass*

*Above right: Hans Scheider*

*Right: Richard Fiedler*

*Above left: Karl Pflomm*

*Above: Georg Keppler*

*Left: Odilo Globocnik*

Above: Bruno Streckenbach

Above right: Friedrich-Wilhelm Krüger

Right: Fritz Schmedes

*Above: Alfred Wünnenberg*

*Above right: Max Henze*

*Right: Christoph Diehm*

*Paul Hennicke*  *Gottfried Klingemann*